U0225446

版权贸易合同登记号　图字：01-2010-5315

图书在版编目（CIP）数据

一脚踏进物理世界. 省力的斜面 /（英）曼迪・苏尔（Mandy Suhr）著；（英）迈克・戈登（Mike Gordon）绘；于水译. --北京：电子工业出版社，2021.7
ISBN 978-7-121-41226-4

Ⅰ. ①一…　Ⅱ. ①曼…　②迈…　③于…　Ⅲ. ①力学－少儿读物　Ⅳ. ①O4-49

中国版本图书馆CIP数据核字（2021）第093492号

责任编辑：朱思霖
印　　刷：中国电影出版社印刷厂
装　　订：中国电影出版社印刷厂
出版发行：电子工业出版社
北京市海淀区万寿路173信箱　邮编：100036
开　　本：889×1194　1/24　印张：12　字数：93.15千字
版　　次：2021年7月第1版
印　　次：2025年4月第27次印刷
定　　价：138.00元（全9册）

凡所购买电子工业出版社图书有缺损问题，请向购买书店调换。若书店售缺，请与本社发行部联系，联系及邮购电话：（010）88254888，88258888。
质量投诉请发邮件至zlts@phei.com.cn，盗版侵权举报请发邮件至dbqq@phei.com.cn。
本书咨询联系方式：（010）88254161转1826，zhusl@phei.com.cn。

省力的斜面

［英］曼迪·苏尔／著
［英］迈克·戈登／绘
于水／译

電子工業出版社
Publishing House of Electronics Industry
北京·BEIJING

如果要爬山，你会怎么做呢？
是沿着陡峭的山壁向上爬，
还是选坡度平缓但路较远的山坡呢？

两条路线都可以让你到达山顶，
但哪条走起来会比较省力呢？

斜面让物体的向上移动变得更简单。正是运用这一原理，古埃及人才建造了金字塔。

这些巨大的石块实在太重了，
人们无法把它们从地面直接搬上去。
利用斜面，这个问题就很容易解决了。

在我们的家里也有斜面。
楼梯就是由一级级台阶组成的斜面。

坡道也是斜面，
可以让轮椅移动到高处……

……让汽车开上去。

从斜面顶端往下滑很有趣吧！
旋转滑梯就是一个绕了一圈又一圈的长斜面。

有些工具也利用了斜面。
螺丝钉上有一条长长的斜纹，被称作螺纹，
它一圈又一圈地绕在钉身上。
瞧，像不像旋转滑梯呢？

用纸剪出一个三角形，三角形的长边也是斜的。

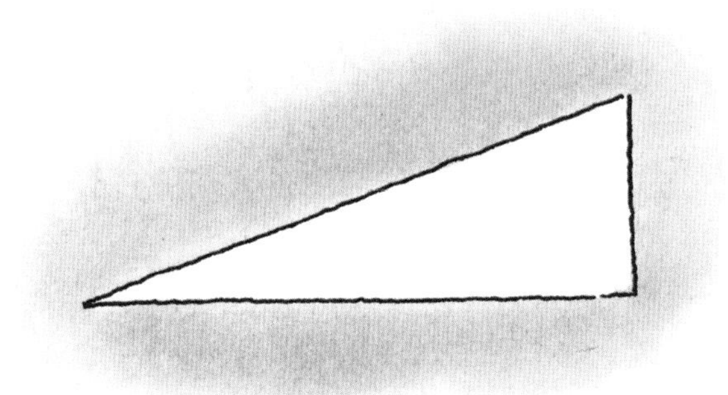

把三角形缠在一支铅笔上，你会发现，
它的形状就像钉身上的螺纹一样。
你注意到这些螺纹是如何形成的吗？

试试把一颗钉子钉进木头里。
如果没有锤子，你要怎样完成它呢?
别担心，利用螺丝刀你一样能把它拧进去。

当转动螺丝钉时，螺纹经过长距离运动，
一圈一圈地进入到木头里，
同时带动钉子一点点向里移动。
这比直接把钉子钉进去容易多了！

当拧动水龙头的时候，
你也在旋转一个隐藏的螺丝。
打开水龙头，
就可以让水流通过了。

开塞钻是一种开瓶塞的工具，
它可以把封得紧紧的软木塞拽出来。

楔子是另一种非常有用的工具，
它有两个斜面。
正是由于它的特殊形状，
两个面可以同时被施加推力。

木头楔子可以用来
阻止物体的移动。

斧头是一种金属做的楔子，很容易把东西劈成两半。
当斧头薄薄的一端切入木头时，
它的形状会使木头向两边分开。

有时候，斜面可以帮你轻松地向上移动，
有时也能使你快速向下移动。

把一辆玩具车放到平板上。
将平板的一端抬起，
看看玩具车会怎么样呢？

简单小实验

你需要准备：

· 积木

· 木板

· 玩具车

· 卷尺

· 粉笔

首先，把木板一端放在一块积木上，
然后把玩具车放到木板的顶端。
注意观察玩具车在斜面上跑动的速度，
测量一下玩具车滑出的距离。

逐渐添加积木，再观察玩具车下滑的情况。随着斜面的升高，玩具车的速度和滑行距离会有什么变化呢？

硬币滑动游戏

你需要准备：

- 薄木板（1cm和0.5cm厚）
- 胶水
- 尺子
- 小刀
- 找爸爸妈妈帮助你

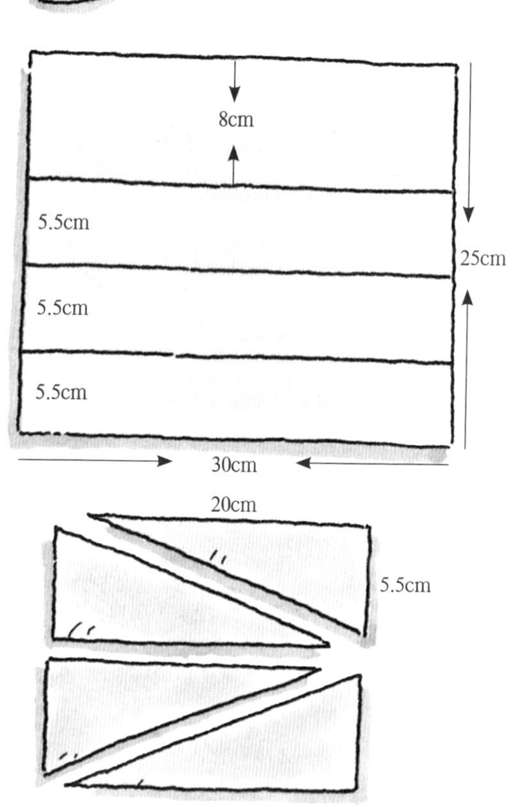

1. 请爸爸妈妈用小刀从0.5cm厚的木板上切一块长方形底板，用铅笔在薄木板上画出横线。

2. 然后，再从1cm厚的木板上切下4个三角形。

3. 把三角形木板粘在长方形底板上，使最短边与底板侧边对齐，另一短边对准底板上的横线。

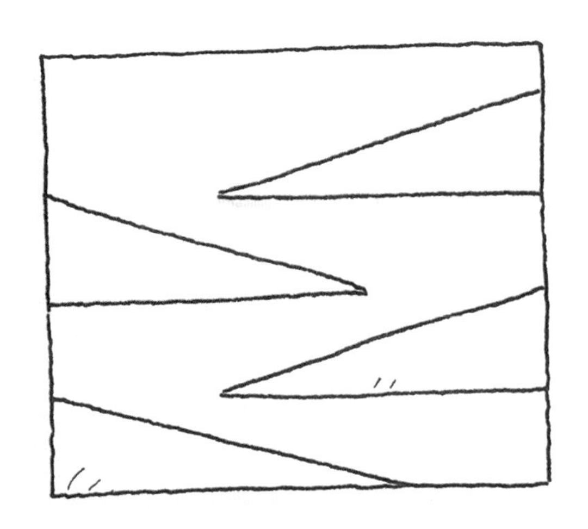

4. 从0.5cm厚的木板上切出4根木条，两根木条的长和宽分别为25cm和5cm，另外两根木条的长和宽分别为30cm和5cm。

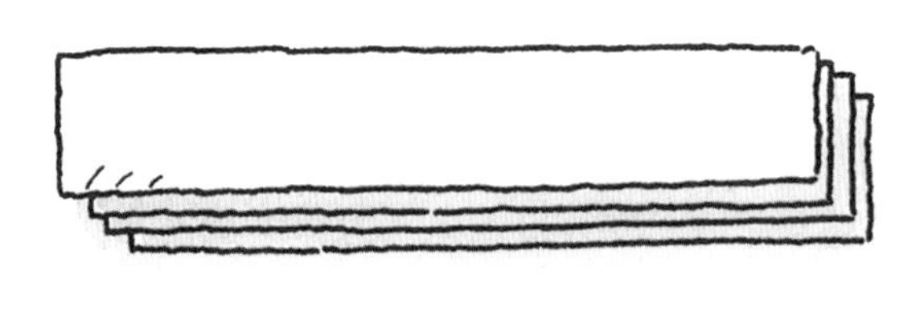

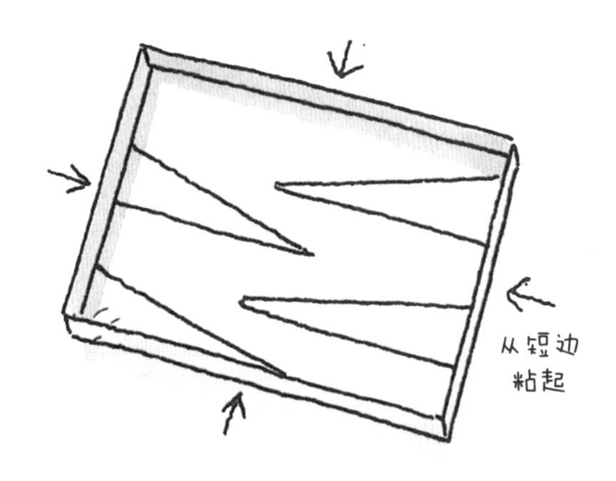

5. 把木条粘在底板四边，为底板加一个框。

为木板涂上自己喜欢的颜色吧！接下来，把做好的游戏盒子倾斜起来，让硬币沿斜面滑下。

给家长和老师的小提示

《一脚踏进物理世界》系列图书是一套专门为孩子设计的基础读物，介绍了我们日常生活中常见的一些机械，以及这些机械的基本工作原理，从而介绍其背后蕴含的物理知识。

数百万年来，人们一直在探究和创造让工作更加轻松的机械。通过不断地改进和创新，这些机械被赋予了更多功能，可以更好地完成任务。将知识运用于实际，让我们的生活和工作更加便利，这就是科学的本质所在。

该系列图书注重培养孩子早期对于物理现象的发现与探索，帮助孩子更好地理解物理中的奥秘，早一步开启智慧之门。

简单的语言、幽默的图画，清晰地诠释了一些机械的工作原理，此外，实验及活动部分也为进一步的实际探索提供了参考。

延伸活动

* 在日常生活或图片里搜集一些斜面，包括那些不明显的斜面，如螺丝钉、螺帽和螺栓等，讨论一下它们如何应用。

* 探索摩擦力的原理。用玩具车在不同表面的斜面上进行测试，记录并分析所得结果。

* 探究重力原理，帮助孩子理解下坡比上坡容易的原因。

词汇表

力	物体之间的相互作用，比如，人要举起沉重的物体时，就使用了力。
金字塔	巨大的三面或多面的角锥体建筑，是由古代埃及人建造的，用于保存死去的国王或王后的尸体。
坡道	一种斜面，有一定坡度的道路可以使工作变得更加容易一些。
螺丝钉	一种带螺旋凹槽的钉子，将它放进小洞里旋转，从而把两个物体钉在一起。

版权贸易合同登记号　图字：01-2010-5314

图书在版编目（CIP）数据

一脚踏进物理世界. 上上下下的滑轮 /（英）曼迪·苏尔（Mandy Suhr）著；（英）迈克·戈登（Mike Gordon）绘；于水译. --北京：电子工业出版社，2021.7
ISBN 978-7-121-41226-4

Ⅰ. ①一…　Ⅱ. ①曼…　②迈…　③于…　Ⅲ. ①力学—少儿读物　Ⅳ. ①O4-49

中国版本图书馆CIP数据核字（2021）第094183号

责任编辑：朱思霖
印　　刷：中国电影出版社印刷厂
装　　订：中国电影出版社印刷厂
出版发行：电子工业出版社
　　　　　北京市海淀区万寿路173信箱　邮编：100036
开　　本：889×1194　1/24　印张：12　字数：93.15千字
版　　次：2021年7月第1版
印　　次：2025年4月第27次印刷
定　　价：138.00元（全9册）

凡所购买电子工业出版社图书有缺损问题，请向购买书店调换。若书店售缺，请与本社发行部联系，联系及邮购电话：（010）88254888，88258888。

质量投诉请发邮件至zlts@phei.com.cn，盗版侵权举报请发邮件至dbqq@phei.com.cn。

本书咨询联系方式：（010）88254161转1826，zhusl@phei.com.cn。

上上下下的滑轮

〔英〕曼迪 · 苏尔 / 著
〔英〕迈克 · 戈登 / 绘
于水 / 译

電子工業出版社
Publishing House of Electronics Industry
北京 · BEIJING

如果世界上没有机械，
我们的生活就会大大不同！

滑轮是一种简单的机械。
可用来提拉重东西。

为了把重东西提起来，
有人将绳子绕过树枝来帮助自己。
也许，滑轮就这样产生了。

人们发现向下拉比向上推更为省力，
很容易就可以把重物提起来了。

把要举起的物体系到绳子一端，
然后让绳子穿过滑轮的凹槽。
当向下拉动绳子的时候，
物体就被提起来啦！

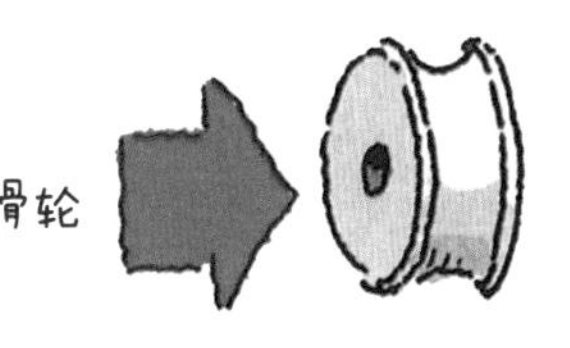

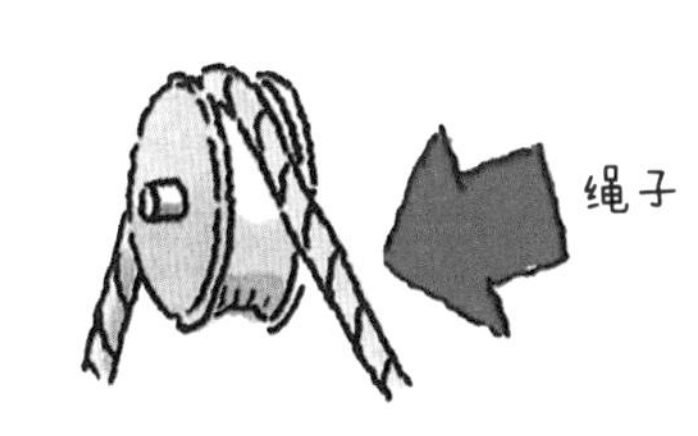

我们今天所用的滑轮，
是由一个轮子和一根绳子组成的，
轮子的边缘带有凹槽。

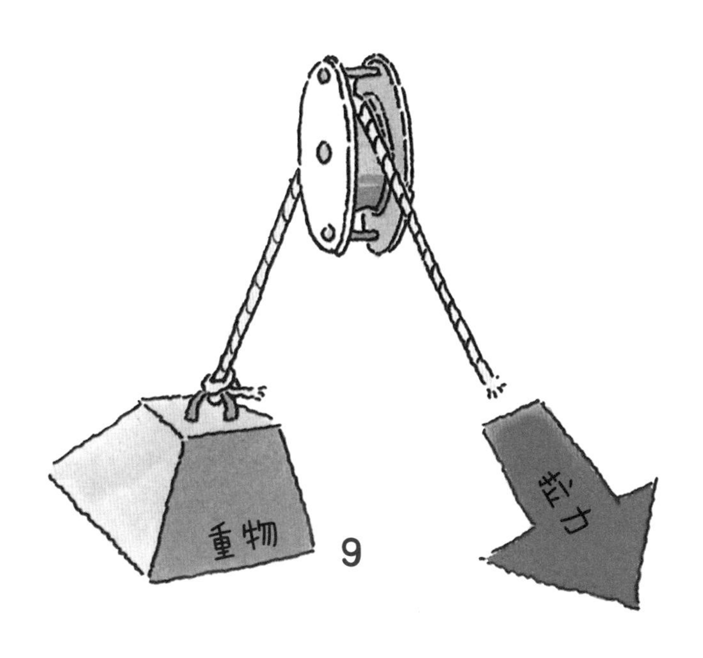

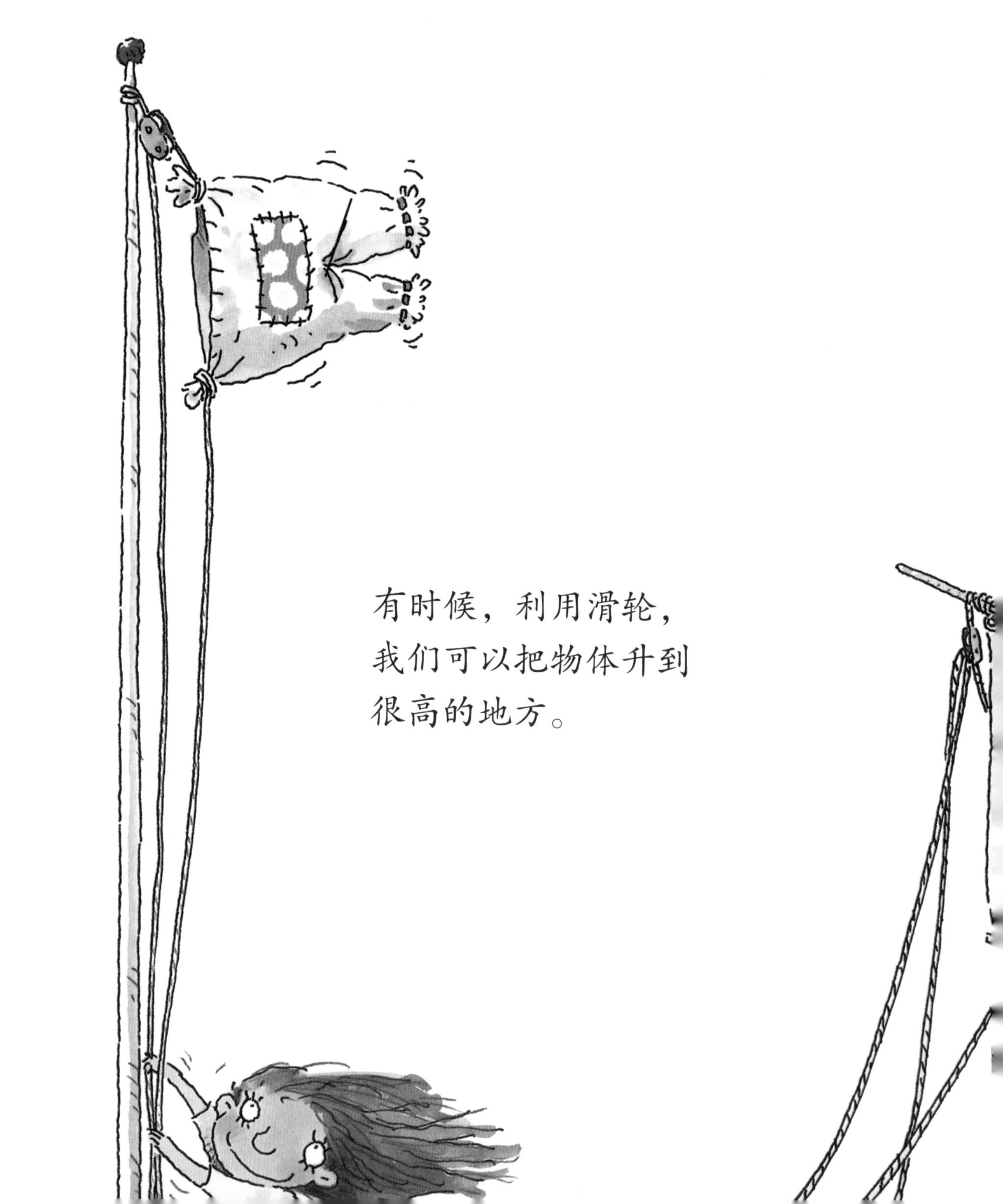

有时候，利用滑轮，
我们可以把物体升到
很高的地方。

也能轻松地把旗帜升起来，
这比爬到旗杆上去简单多了！

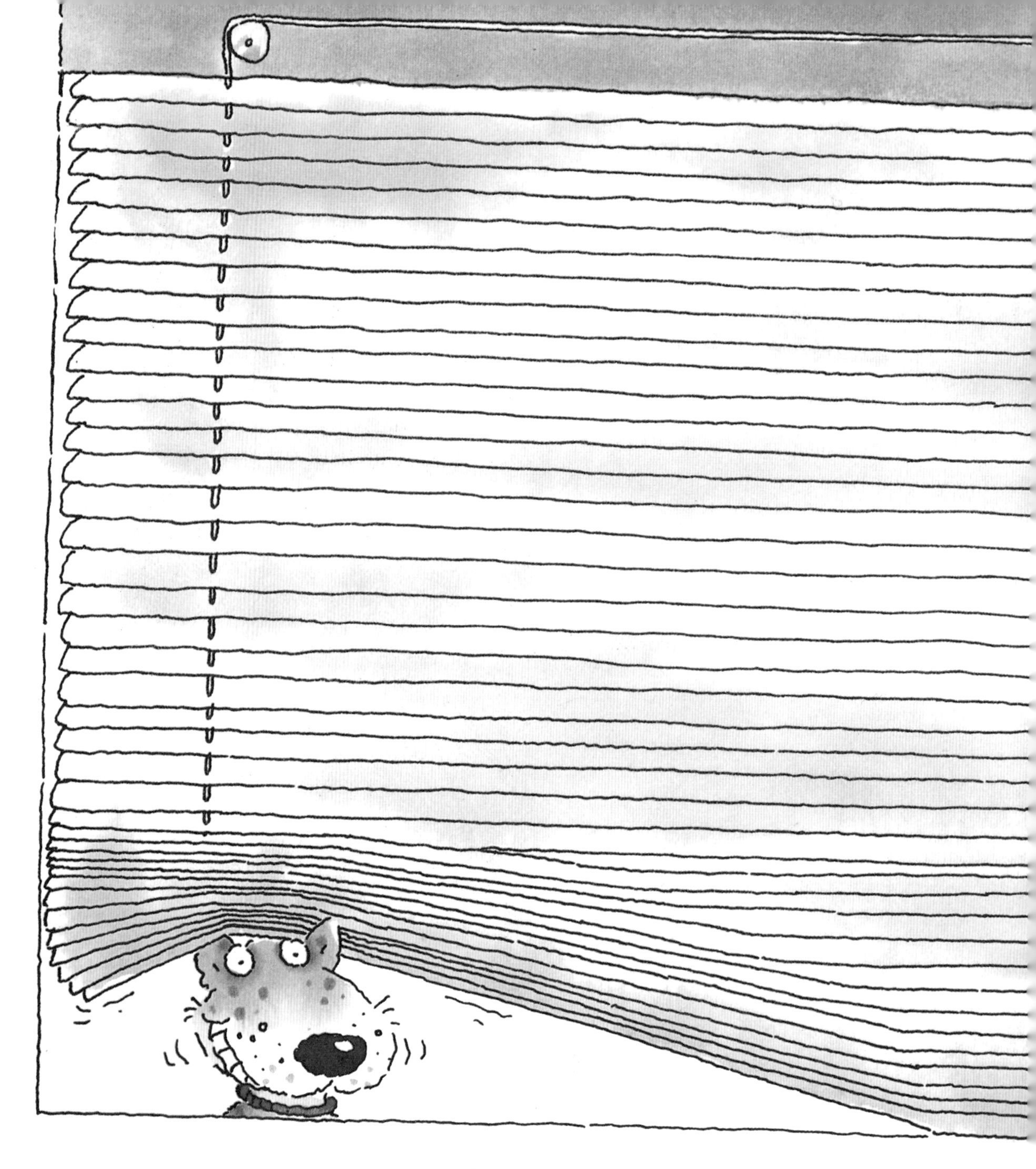

我们还可以用滑轮来拉百叶窗。

甚至，我们有可能在医院被滑轮吊起来呢！

滑轮可以用来提拉重物。
提拉物体时，向下用力会更省劲儿，
这是因为我们可以依靠体重，
用自己的身体作为平衡重。

滑轮的轮子越多，提东西就越容易。用两个轮子所吊起物体的质量相当于一个轮子的两倍。

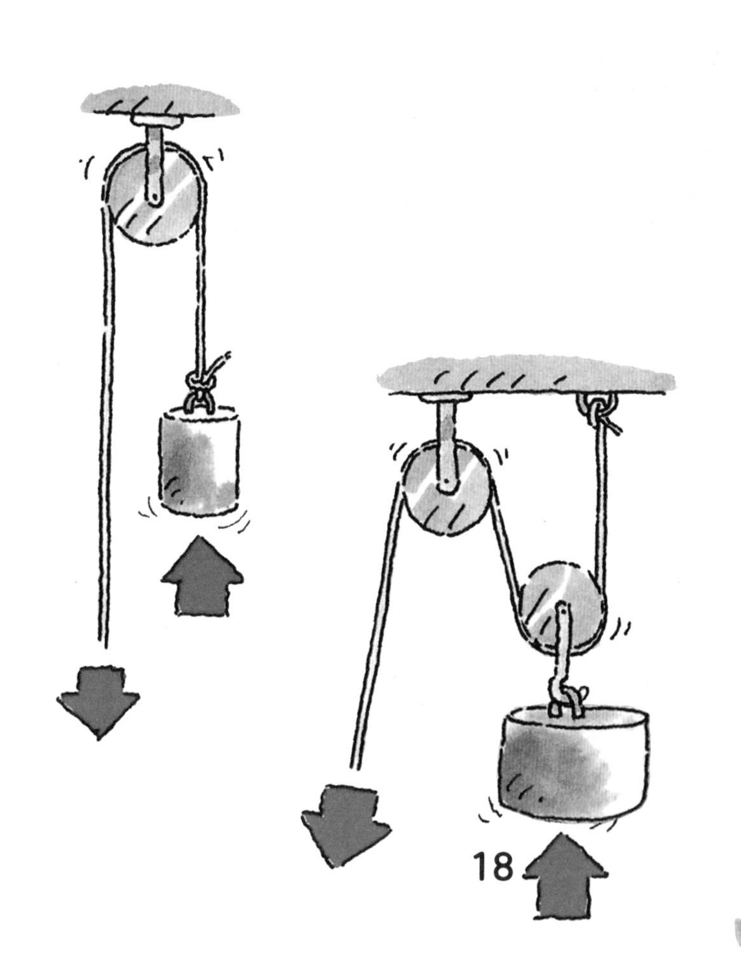

实验1
实验2

使用三个轮子，
则可以吊起三倍重的物体！

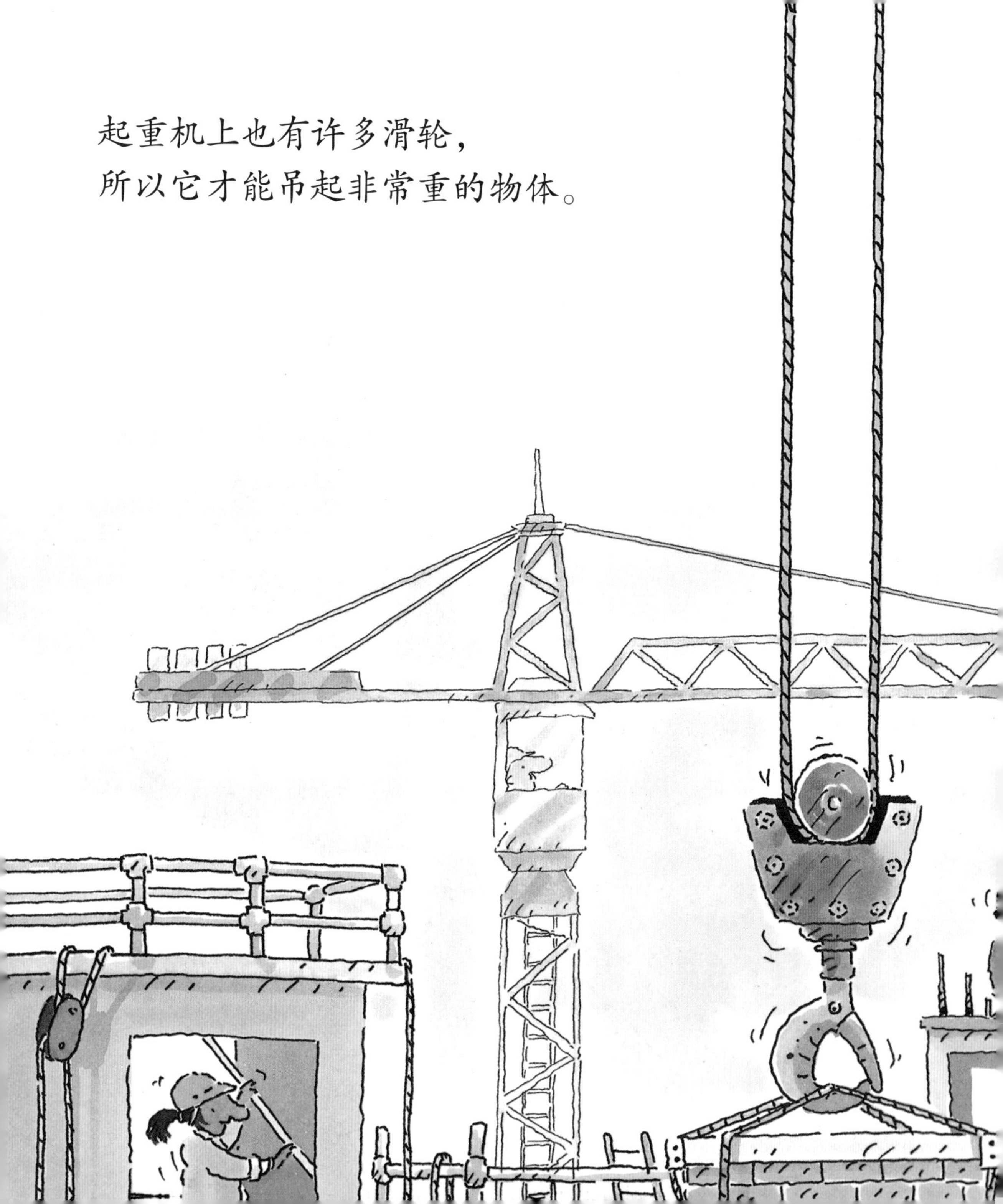

起重机上也有许多滑轮，
所以它才能吊起非常重的物体。

乘坐电梯时，我们也在使用滑轮。
电梯轿厢是由一条非常结实的绳索吊着的。
绳索绕过滑轮凹槽，通过电动机转动来抬升电梯。

电动机
滑轮
绳索
电梯轿厢
平衡重

动手制作滑轮旗杆

你需要准备：

- 2个塑料瓶盖
- 2枚钉子
- 1根30cm长的木棍
- 1个废纸盒
- 胶水
- 一些绳子
- 找爸爸妈妈来帮助你

1. 请爸爸妈妈帮忙把瓶盖钉到木棍两端，一个在顶端，另一个在距顶端20厘米处。注意不要钉太紧，瓶盖要可以自由转动。

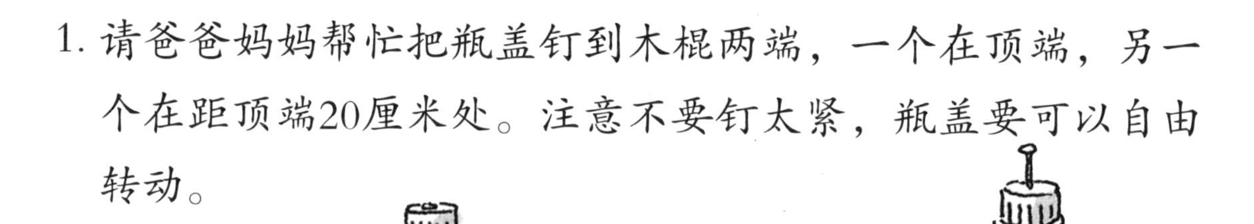

2. 将食品盒放平，用木棍在顶面做个圆形标记。沿标记剪一个洞，把“旗杆”插进去。现在，装饰一下你的旗杆底座吧。

3. 剪一面小旗帜，为它涂上自己选择的颜色。将纸旗的一侧折叠起来。

4. 将绳子沿折线垂下，用胶水把边缘粘好，等待胶水变干。

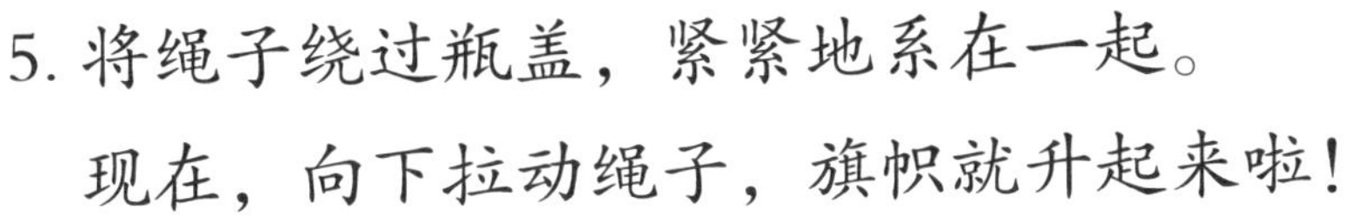

5. 将绳子绕过瓶盖，紧紧地系在一起。现在，向下拉动绳子，旗帜就升起来啦！

给家长和老师的小提示

《一脚踏进物理世界》系列图书是一套专门为孩子设计的基础读物，介绍了我们日常生活中常见的一些机械，以及这些机械的基本工作原理，从而介绍其背后蕴含的物理知识。

数百万年来，人们一直在探究和创造让工作更加轻松的机械。通过不断地改进和创新，这些机械被赋予了更多功能，可以更好地完成任务。将知识运用于实际，让我们的生活和工作更加便利，这就是科学的本质所在。

该系列图书注重培养孩子早期对于物理现象的发现与探索，帮助孩子更好地理解物理中的奥秘，早一步开启智慧之门。

简单的语言、幽默的图画，清晰地诠释了一些机械的工作原理，此外，实验及活动部分也为进一步的实际探索提供了参考。

延伸活动

* 到建筑工地上观察一下滑轮，比如起重机是如何将建筑材料吊到脚手架上的，等等。

* 用滑轮和不同的物体进行试验。通过增加轮子数目，你能提起更重的东西吗？

* 收集杂志中不同种类机械或滑轮的图片，可以的话，制作一个小册子。

词汇表

绳索	可以拉动重物的、非常结实的绳子。
平衡重	绳子一端的物体被抬起时，负责维持绳子另一端平衡的重物。
起重机	一种非常大的机械，用来提吊很重的东西。
滑轮	由轮子和绳子组成，用来提拉物体。
边缘	轮子最外面的部分。

版权贸易合同登记号　图字：01-2020-0874

图书在版编目（CIP）数据

一脚踏进物理世界. 如果没有电 /（英）凯·巴汉姆（Kay Barnham）著；（英）迈克·戈登（Mike Gordon）绘；赵同人译. --北京：电子工业出版社，2021.7
ISBN 978-7-121-41226-4

Ⅰ.①一…　Ⅱ.①凯…　②迈…　③赵…　Ⅲ.①电学－少儿读物　Ⅳ.①O4-49

中国版本图书馆CIP数据核字（2021）第094171号

责任编辑：朱思霖
印　　刷：中国电影出版社印刷厂
装　　订：中国电影出版社印刷厂
出版发行：电子工业出版社
　　　　　北京市海淀区万寿路173信箱　邮编：100036
开　　本：889×1194　1/24　印张：12　字数：93.15千字
版　　次：2021年7月第1版
印　　次：2025年4月第27次印刷
定　　价：138.00元（全9册）

凡所购买电子工业出版社图书有缺损问题，请向购买书店调换。若书店售缺，请与本社发行部联系，联系及邮购电话：（010）88254888，88258888。
质量投诉请发邮件至zlts@phei.com.cn，盗版侵权举报请发邮件至dbqq@phei.com.cn。
本书咨询联系方式：（010）88254161转1826，zhusl@phei.com.cn。

如果没有电

[英]凯·巴汉姆/著
[英]迈克·戈登/绘
赵同人/译

電子工業出版社
Publishing House of Electronics Industry
北京·BEIJING

电视屏幕突然漆黑一片。

“嘿，我还在看电视呢！”汤姆生气地说道。

“又不是我关的。”萨拉皱着眉头说。

她指了指桌上的台灯：“看，台灯也灭了。发生什么事了？”

“大家冷静，”妈妈说，“只是停电而已。”
“就是说我们暂时没有电了。”爸爸补充道。
“什么是电？”汤姆问。

“电是一种能量，”妈妈解释道，“家里很多东西都需要电。没有电，我们的生活会大变样的。”

“电可以让电视工作吗？”萨拉问。

“可以啊，”妈妈说，“电还可以让桌子上的这盏台灯的灯泡亮起来呢。”

突然，电视屏幕又亮了，台灯也重新发出了光亮。

“终于有电了，”汤姆说，“这下我不会错过节目的结局了。”

“太棒了，”爸爸笑着说，“现在电恢复了，我可以用电脑发邮件了。”

“我又可以用烤箱烤蛋糕了！”妈妈说。

“一定会很好吃的！”萨拉说。

第二天，汤姆和萨拉把停电的事告诉了爷爷。

“要是没电，我就没法玩游戏机了。”汤姆说。

爷爷点点头：“你们能想到哪些离不开电的东西呢？”

孩子们列了个清单。

“没想到有这么多东西需要电啊！”萨拉说。

“你们知道吗？电是在19世纪末才在普通人家里普及起来的。”爷爷边泡茶边说。

“哇，”汤姆感到很惊讶，“电被发现之前，您是怎么生活的啊？”

爷爷哈哈大笑。“我可没有那么大岁数，”他回答道，“不过我知道那时的人们生活中没有电灯，也没有办法用电取暖，更没有电视。”

“那可真是太糟糕了。”汤姆惊呼起来。

“我在想一个问题，”第二天，萨拉说，“电是从哪里来的呢？是从超市买的吗？”

汤姆哈哈笑起来。“别傻了！”他挠了挠头，“不过，电到底是从哪里来的呢？”

“电来自发电厂，”妈妈解释道，“大多数发电厂靠燃烧燃料发电，比如天然气和煤炭。燃煤发电厂就是这样的。”

“还有一些发电厂靠核能发电，”爸爸说，“不如我们亲自去看看吧！”

在科学博物馆，萨拉和汤姆还发现了其他的发电方法。

“坏消息是，终有一天煤炭等燃料会被消耗完，”博物馆解说员说，“不过也有好消息，可再生能源是用不完的。而且可再生能源不会造成环境污染！”

“阳光、风、雨和潮汐，这些都是可再生能源。”汤姆在读博物馆的说明。

“快看这些海上的风力发电场！一个风力涡轮机一年发的电，可以提供一千多个家庭一年的用电量呢！”

“那电是怎么到我们家里的呢？”萨拉在回家的路上问。

“你看到这些电塔了吗？”爸爸指着一排巨大的金属塔问萨拉。

“看到了，”萨拉说，“它们好像站在田野里的士兵。这些把它们连在一起的线是做什么用的呢？”

“那是电线，”妈妈说，“是用来把电从发电厂运到变电站的。然后，电会从变电站传输到各家各户。”

“你们知道吗？电不只是供普通家庭使用的。”爸爸说。
汤姆摇了摇头：“那它还能用来做什么呢？”
“工业上有很多地方也需要用电，”爸爸回答道，“很多企业也需要电。”

“我想到电还能用来做什么了！”萨拉大声说，她指着旁边的铁路，“铁轨上面悬着的是不是也是电线？”

“真聪明，”妈妈说，“是的，是电让有轨电车动起来的。”

“你们绝对不可以在电线附近玩耍，”妈妈认真地说，“电非常、非常危险。”

“为什么？”汤姆问。

“你会被电击倒的，”爸爸严肃地说，“如果你用手去碰裸露的电线，电会通过你的身体进入地面。”

“就像闪电一样吗？”汤姆问。

“没错！”爸爸说，“因为闪电就是一种电。”

妈妈也一脸严肃。“电会让人丧命的。”她说。

第二天，孩子们的表姐来串门。艾琳正在大学读工程专业。

“艾琳，这个东西需要什么才能工作？”汤姆举着自己的机器人玩具问。

“电。”艾琳回答道。

“啊！”汤姆喊了一声，然后马上把机器人扔到地上，“电很危险！”

“市电十分危险，”艾琳说，“市电就是墙上插座里面的电。不过，这个玩具机器人用的电池只会产生很少、很少的电，不会伤到你的。”

“那我就放心了！”汤姆说。

“电池的原理是什么？”
萨拉好奇地问。
于是，艾琳画了张图。

“这是一个电路，”艾琳说，“电池里的化学物质会储存电能。电池让电通过电路，再回到电池。”

“就是说电一直在绕圈圈？”萨拉问。

艾琳点了点头。“对，这样汤姆的机器人就可以工作了。”她说，“不过如果不按下开关，这个电路就没有接通。那么电就无法走完一圈电路，机器人就无法工作。”

“电真的好酷！”汤姆说。他把客厅的灯全都打开了。“快看！屋子好亮堂！”萨拉把彩灯也打开了，“电还能让灯发出不同颜色的光呢！”“汤姆！萨拉！”妈妈喊道，“每次发电都要消耗能源。我们要节约用电。”

“哦，”汤姆说，“对不起。”

“少用电可以保护地球吗？”萨拉问。

爸爸点了点头：“我们把灯关掉吧！从今天开始一起保护环境。”说完，爸爸冲孩子们眨了眨眼。

给家长和老师的小提示

本书旨在用兼具趣味性和知识性的方式，向小朋友们介绍科学概念。下面列出的几个小活动可以进一步鼓励孩子们了解电。鼓励大家进行尝试！

活动

1. 汤姆和萨拉将他们能想到的电器列了出来。你能想到别的电器吗？想想家里和学校里还有什么电器？

2. 设计一张海报，告诉家人在家中有哪些省电的方法。成功的海报需要有足够多的图画！

静电实验

你知道吗？其实你也可以发电。

两种物体互相摩擦的时候会产生静电。

把一个气球在羊毛衫上摩擦，再把气球放在头发附近。你的头发会竖起来！

这是因为气球上的静电会跑到离气球最近的物品上，比如你的头发上。

你知道吗？

电和光的速度一样，每秒几乎达到30万千米。

电鳗可以发出电击。

动物粪便也可以发电。

版权贸易合同登记号　图字：01-2010-5313

图书在版编目（CIP）数据

一脚踏进物理世界. 无处不在的杠杆 /（英）曼迪·苏尔（Mandy Suhr）著；（英）迈克·戈登（Mike Gordon）绘；于水译. --北京：电子工业出版社，2021.7
ISBN 978-7-121-41226-4

Ⅰ. ①一…　Ⅱ. ①曼…　②迈…　③于…　Ⅲ. ①力学—少儿读物　Ⅳ. ①O4-49

中国版本图书馆CIP数据核字（2021）第094176号

责任编辑：朱思霖
印　　刷：中国电影出版社印刷厂
装　　订：中国电影出版社印刷厂
出版发行：电子工业出版社
　　　　　北京市海淀区万寿路173信箱　邮编：100036
开　　本：889×1194　1/24　印张：12　字数：93.15千字
版　　次：2021年7月第1版
印　　次：2025年4月第27次印刷
定　　价：138.00元（全9册）

凡所购买电子工业出版社图书有缺损问题，请向购买书店调换。若书店售缺，请与本社发行部联系，联系及邮购电话：（010）88254888，88258888。
质量投诉请发邮件至zlts@phei.com.cn，盗版侵权举报请发邮件至dbqq@phei.com.cn。
本书咨询联系方式：（010）88254161转1826，zhusl@phei.com.cn。

无处不在的杠杆

［英］曼迪·苏尔 / 著
［英］迈克·戈登 / 绘
于水 / 译

電子工業出版社
Publishing House of Electronics Industry
北京·BEIJING

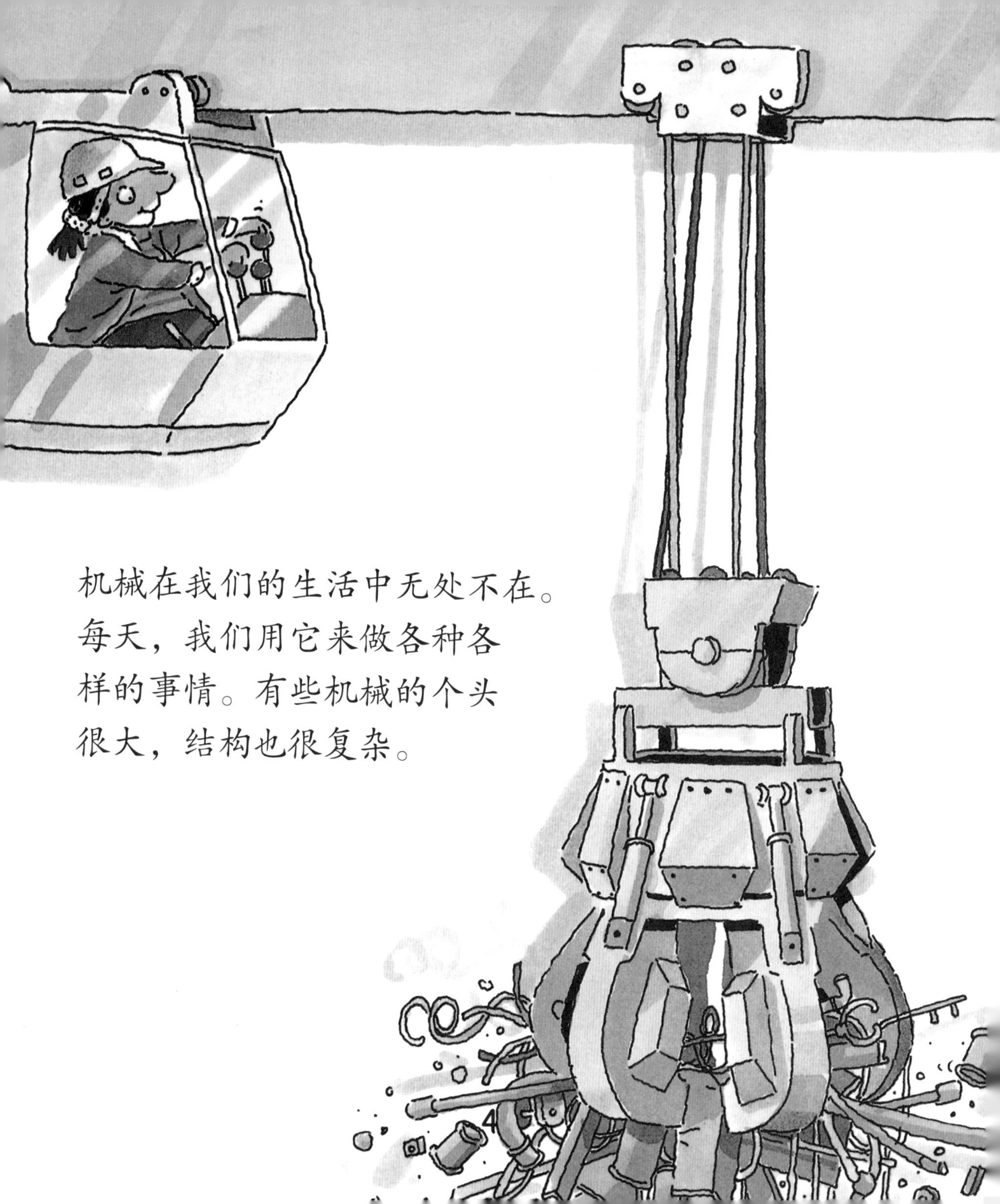

机械在我们的生活中无处不在。每天，我们用它来做各种各样的事情。有些机械的个头很大，结构也很复杂。

而有些机械却非常简单。
杠杆也许是最简单的一种机械了。

杠杆可以让物体的移动变得简单，
能将一个小小的力转变为较大的力。
力是一种能促使物体移动的能量，
推力和拉力都属于力。

把橡皮泥握在手中，使劲地揉捏，让它变成不同的形状。

正是手给橡皮泥的力，使橡皮泥形状发生了改变。

早在石器时代，杠杆可能就已经出现了。
当时人们用树枝作杠杆，移动笨重的石块。

试一试吧！找一根结实的木棍，
把它的一头放到重纸箱子下面，
然后，把一个小物体垫到木棍下方。

把木棍翘起来的一端往下按。
现在，你看到木棍是怎样让箱子移动了吗？

杠杆是由动力臂、阻力臂、支点三部分组成的。

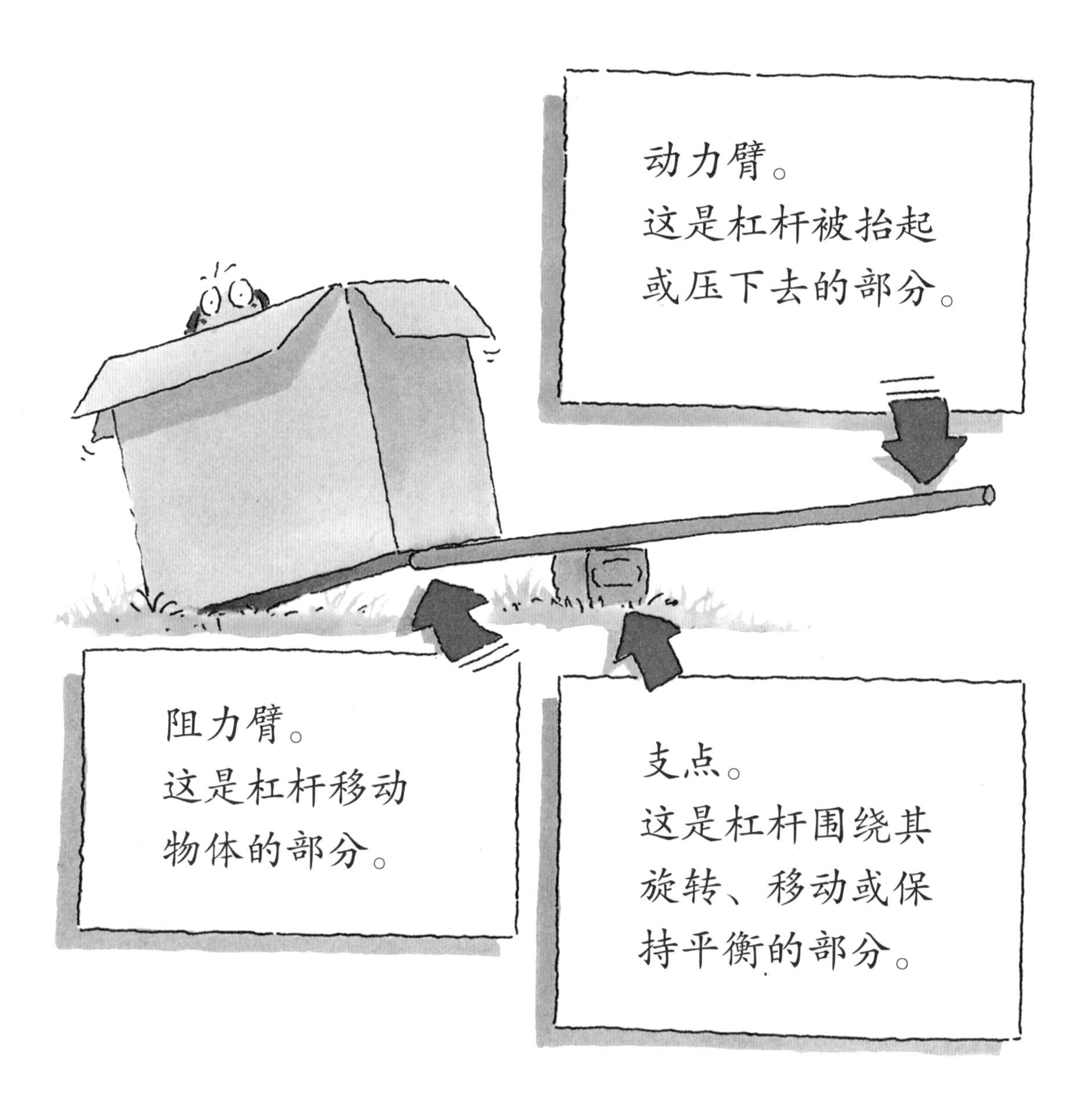

13

日常生活中，我们经常会接触杠杆。

……以及车库中。

杠杆也可能
成为窃贼的
工具哦！

当我们去公园里的时候，
还经常坐到杠杆上玩耍呢！

跷跷板就是一个杠杆。
当你坐在它的一端，你的体重作为一个力，
将你坐的那端压下去，同时让另一端翘起来。
两个体重差不多的人会让跷跷板两端上上下下地摇摆。

动手制作跷跷板

把一块长长的厚木板放到一块砖头上（注意：砖头要放在木板的中间），这时，砖头就充当了木板的支点。

如果跷跷板一端坐着两个孩子，
会怎么样呢？

把砖头向跷跷板较重的那端移动，
接下来又会发生什么？

如果重的物体距离支点较近，
那么它就可能被轻的物体撬
起来了。

根据用途不同，杠杆的形状和大小也不相同。

独轮手推车也是一种杠杆，其中，轮子起到了支点的作用。当抬起手推车把手时，只用较小的力就可以推动很重的东西。

胡桃钳也是一种杠杆。
钳子的两个把手在一端被固定住，形成支点。
将把手的另一端握到一起时，
较小的力在靠近支点处变大。
这样，就可以把坚果夹碎啦！

夹子是一种特殊的杠杆。
当你挤压它，或者给它向中间施力时，
就可以把东西夹住了。

我们身体的某些部位也是杠杆哦！
比如胳膊，它们能举起沉重的物体。

肌肉为胳膊上的骨头提供了牵引力，
使胳膊可以自由地摆动。
肘关节则起到了支点的作用。

制作有“杠杆”下巴的鳄鱼

一些杠杆并不能举起重物，它们仅仅是用来上下移动的。

你需要准备：

- 硬纸板
- 1根木棍
- 2枚开口钉
- 胶带

1. 剪出一条鳄鱼的形状，把下巴分出来，然后用硬纸板剪一个长条。

2. 用一枚开口钉将鳄鱼下巴和长条连在一起。

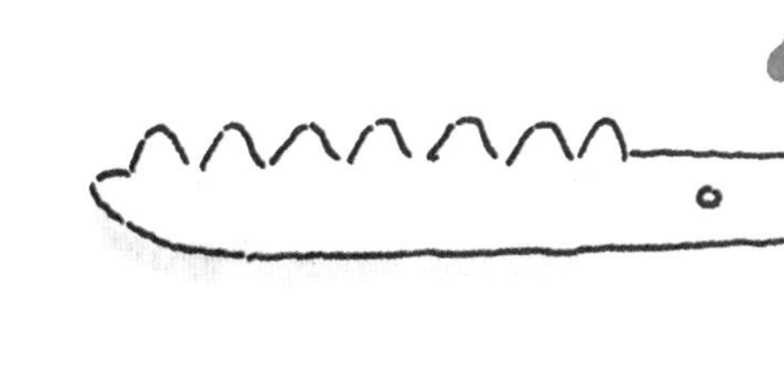

3. 用另一枚开口钉将下巴与鳄鱼的身体连起来。

4. 用胶带把木棍粘在鳄鱼身上，当作操纵杆用。

5. 拉动操纵杆，这样鳄鱼就开始“咬人”了！

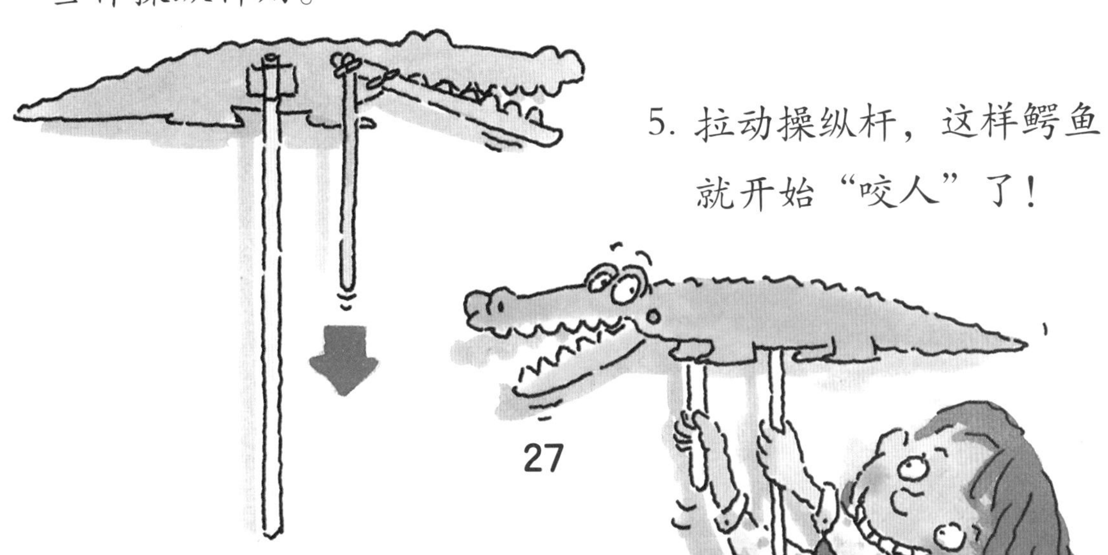

给家长和老师的小提示

《一脚踏进物理世界》系列图书是一套专门为孩子设计的基础读物，介绍了我们日常生活中常见的一些机械，以及这些机械的基本工作原理，从而介绍其背后蕴含的物理知识。

数百万年来，人们一直在探究和创造让工作更加轻松的机械。通过不断地改进和创新，这些机械被赋予了更多功能，可以更好地完成任务。将知识运用于实际，让我们的生活和工作更加便利，这就是科学的本质所在。

该系列图书注重培养孩子早期对于物理现象的发现与探索，帮助孩子更好地理解物理中的奥秘，早一步开启智慧之门。

简单的语言、幽默的图画，清晰地诠释了一些机械的工作原理，此外，实验及活动部分也为进一步的实际探索提供了参考。

延伸活动

* 搜集一些杠杆，让孩子对这些杠杆进行操作。

* 探索力的原理，包括作用力的不同形式。

* 为了进一步解释杠杆的工作原理，可以鼓励孩子自己动手试验，了解一下动力臂和阻力臂的改变对试验结果有什么影响，记录并分析得到的结果。

词汇表

能量	物体做功的能力。
动力	对物体的推力或拉力。
动力臂	杠杆中被施加力的部分。
支点	杠杆绕其转动或保持平衡的定点。
阻力	阻碍杠杆移动的物体的质量。
阻力臂	杠杆移动物体的部分。
机械	能使我们工作更便利的设备。

Original English language was first published in Great Britain in 1996 by Wayland (Publishers) Ltd.
This edition printed in 2001 by Hodder Wayland.This revised edition published in 2009 by Wayland.

版权贸易合同登记号　图字：01-2010-5316

图书在版编目（CIP）数据
一脚踏进物理世界. 咕噜转的车轮 /（英）曼迪·苏尔（Mandy Suhr）著；（英）迈克·戈登（Mike Gordon）绘；于水译. --北京：电子工业出版社，2021.7
ISBN 978-7-121-41226-4

Ⅰ. ①一…　Ⅱ. ①曼…　②迈…　③于…　Ⅲ. ①力学－少儿读物　Ⅳ. ①O4-49

中国版本图书馆CIP数据核字（2021）第094190号

责任编辑：朱思霖
印　　刷：中国电影出版社印刷厂
装　　订：中国电影出版社印刷厂
出版发行：电子工业出版社
　　　　　北京市海淀区万寿路173信箱　邮编：100036
开　　本：889×1194　1/24　印张：12　字数：93.15千字
版　　次：2021年7月第1版
印　　次：2025年4月第27次印刷
定　　价：138.00元（全9册）

凡所购买电子工业出版社图书有缺损问题，请向购买书店调换。若书店售缺，请与本社发行部联系，联系及邮购电话：（010）88254888，88258888。
质量投诉请发邮件至zlts@phei.com.cn，盗版侵权举报请发邮件至dbqq@phei.com.cn。
本书咨询联系方式：（010）88254161转1826，zhusl@phei.com.cn。

咕噜转的车轮

［英］曼迪·苏尔／著
［英］迈克·戈登／绘
于水／译

電子工業出版社
Publishing House of Electronics Industry
北京·BEIJING

车轮可以帮助我们搬运东西。
它大小各异，颜色各种各样。

但是，所有的车轮几乎
只具有一种形状。

轮子发明以前，搬运重物是件非常辛苦的事情，需要很多人使劲拽着或推着前进。

于是，有人想出一个好主意——利用滚动的树干搬运东西，这样，人们就轻松多了！

简单小实验

你需要准备：

· 两个鞋盒

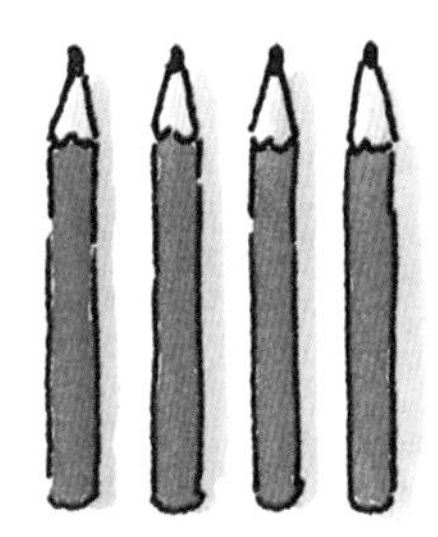

· 四支铅笔

· 两个等重的物体

· 一支粉笔

步骤一

1. 将两个物体分别放进两个鞋盒里。

2. 用粉笔在桌面上画一条起始线。

3. 把鞋盒放在起始线上，推动一个盒子。

4. 在鞋盒停下来的地方，用粉笔做一个标记。

步骤二

1. 在另一个鞋盒下放四支铅笔作为滚轮，也将鞋盒放在起始线上，像刚才那样推动鞋盒。

2. 在鞋盒停下来的地方做标记。

看看哪个鞋盒移动得更远、更容易呢？

滚轮是人们最早使用的车轮。

后来，有人把树干截短，制成各式各样的车轮。

它们在不够平坦的路上也能跑得很快了！

人们用车轴将车轮连接起来，制成了最早的货车，这样，搬运东西可方便多啦！

动手制作四轮小车

你需要准备：

- 剪刀
- 杯子
- 鞋盒
- 两支铅笔

- 橡皮泥

- 胶带

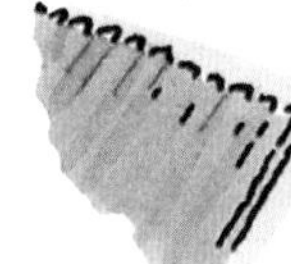

- 瓦楞纸板

1. 将杯子倒扣在瓦楞纸板上，画四个相同的圆。将画好的圆形剪下来，当作小车的四个轮子。

2. 把橡皮泥放在桌子上，上面放一个剪好的“车轮”。用削尖的铅笔在“车轮”中间穿一个洞，别忘了，四个车轮都需要穿洞哦！

3. 在鞋盒的两侧各凿两个小孔。注意孔的位置要一样高，而且要对称。

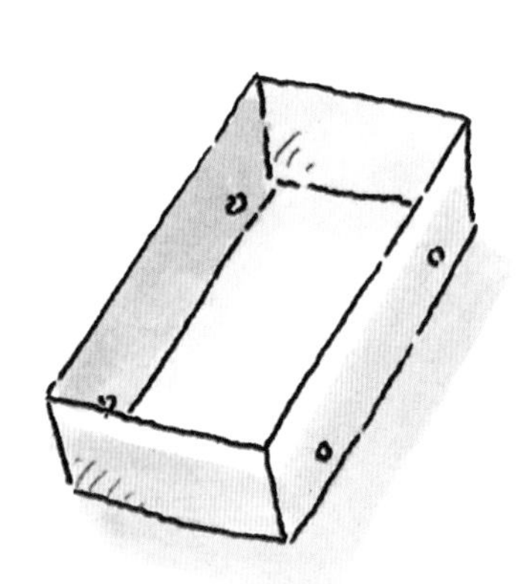

4. 接下来，把一个车轮穿在铅笔的一端。

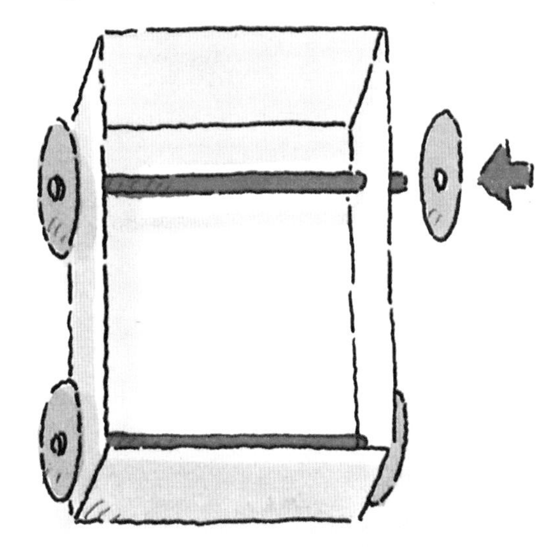

5. 让铅笔的另一端穿过鞋盒另一侧的小孔，之后在另一端装上车轮。

6. 按照上面步骤为另一支铅笔装上车轮并装在鞋盒上。

7. 最后，用胶带将铅笔的两端固定住，这样轮子就不会从铅笔上掉下来了。

现在，试一下小车吧！

最早的车轮都是实心的木头，
它们非常重，滚动起来很慢。

古罗马人把木头中间部分凿掉，装上辐条，制造出了更加轻快的车轮。

留心观察周围，你会发现，现在有些车轮
跟古罗马人设计的车轮简直一模一样。
车轮的中心部分被称作轴承。

连接轴承与车圈（车轮的最外面）的是辐条。
车轮是由车轴带动而转动的，车轴固定在轴承上。

车圈外层的边缘通常包有轮胎。
轮胎是用橡胶和钢丝制成的，橡胶上印有花纹。
正是有了这些花纹，车子行驶时才不会打滑。

有些轮胎胎面上的
花纹很特别。
比如，拖拉机轮胎，
它上面的花纹可以防止车轮陷进松软的泥土里。

不同的车轮作用不同。
卡车的车轮又大又宽，可以运载很重的东西。

自行车的辐条很细很轻，
跑起来非常轻快。

看看你身边的轮子吧！
都可以用它们来做哪些
事情呢？

有些轮子的四周带有锯齿，它们叫齿轮。
这些锯齿能很好地啮合在一起，
当我们转动其中一个轮子时，
其他轮子也会跟着转起来！

动手制作齿轮

你需要准备：

- 一个鞋盒盖子
- 两枚开口钉
- 用来制作齿轮的硬纸板

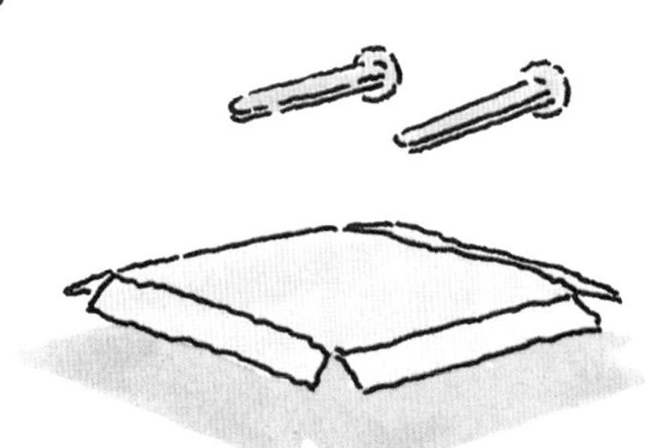

1. 按照第29页图1，用硬纸板剪两个相同的齿轮。

2. 用开口钉把一个齿轮固定在鞋盒盖上。注意：齿轮要能自由转动，不要太紧哦！

3. 把另外一个齿轮放在它旁边，让两个齿轮刚好啮合，然后，用开口钉把第二个齿轮也固定在鞋盒盖上。

4. 现在，转动其中一个齿轮，看看另外一个会跟着转动吗？

日常生活中，
许多机械是靠齿轮工作的。

当我们用力蹬自行车脚踏板时，大齿轮就会转动，接着链条带动小齿轮，车轮也就跟着转起来了。就这样，这些齿轮把我们蹬脚踏板的力转移到了车轮上。

让大人帮你把自行车倒放过来。

慢慢摇动脚踏板，看看哪个部件转得更快呢？

大齿轮还是小齿轮？脚踏板还是车轮？

按照第29页的图1和图2，
用硬纸板剪两个大小不同的齿轮，使大齿轮和小齿轮啮合在一起（见第23页）。

当两个齿轮刚好啮合时，
在每个齿轮“12点整”的方向画一条线。

根据这条线来数一数，
大齿轮每转一圈，
小齿轮要转多少圈呢？

词汇表

车轴　带动车轮运转的杆或棍。

齿轮　锯齿状的轮子。

轴承　车轮中心的部分。

装载量　机械所搬运的物体质量。

脚踏板　用脚踩的杠杆。

车圈　车轮外层的边缘部分。

辐条　从车轮中心向外伸展到边缘的钢条。

胎面　轮胎上带图案的凹槽，可以使车轮抓牢路面。

轮胎　固定在车轮边缘的环状橡胶。

实验模板

1. 描画或复印这些图形。
2. 将它们粘贴在一些卡片上。
3. 把它们剪下来。
4. 沿图片中的虚线进行折叠。

5. 将叠好的图形用大头针别到一张卡片上。

给家长和老师的小提示

《一脚踏进物理世界》系列图书是一套专门为孩子设计的基础读物，介绍了我们日常生活中常见的一些机械，以及这些机械的基本工作原理，从而介绍其背后蕴含的物理知识。

数百万年来，人们一直在探究和创造让工作更加轻松的机械。通过不断地改进和创新，这些机械被赋予了更多功能，可以更好地完成任务。将知识运用于实际，让我们的生活和工作更加便利，这就是科学的本质所在。

该系列图书注重培养孩子早期对于物理现象的发现与探索，帮助孩子更好地理解物理中的奥秘，早一步开启智慧之门。

简单的语言、幽默的图画，清晰地诠释了一些机械的工作原理，此外，实验及活动部分也为进一步的实际探索提供了参考。

延伸活动

* 从杂志或者日常生活中搜集一些车轮，讨论一下它们的大小、形状与功能之间有什么关系。

* 鼓励孩子用拼装玩具或其他模型独自设计、制作一辆带轮车辆；引导孩子思考车辆制作的步骤和所需材料，一一列在纸上；然后，动手组装、测试所制作的模型车，并根据测试结果加以改进。

* 探究摩擦力的原理及其对运动的影响。在不同物体表面上对车辆进行测试，记录并分析所得结果。

* 设计、制作一个模型，以演示能量如何经由齿轮从机械的一个部分转移到另一部分。

版权贸易合同登记号　图字：01-2020-0874

图书在版编目（CIP）数据
一脚踏进物理世界. 声音是如何传播的 /（英）凯·巴汉姆（Kay Barnham）著；（英）迈克·戈登（Mike Gordon）绘；赵同人译. --北京：电子工业出版社，2021.7
ISBN 978-7-121-41226-4

Ⅰ. ①一…　Ⅱ. ①凯…　②迈…　③赵…　Ⅲ. ①声学－少儿读物　Ⅳ. ①O4-49

中国版本图书馆CIP数据核字（2021）第094179号

责任编辑：朱思霖
印　　刷：中国电影出版社印刷厂
装　　订：中国电影出版社印刷厂
出版发行：电子工业出版社
　　　　　北京市海淀区万寿路173信箱　邮编：100036
开　　本：889×1194　1/24　印张：12　字数：93.15千字
版　　次：2021年7月第1版
印　　次：2025年4月第27次印刷
定　　价：138.00元（全9册）

凡所购买电子工业出版社图书有缺损问题，请向购买书店调换。若书店售缺，请与本社发行部联系，联系及邮购电话：（010）88254888，88258888。
质量投诉请发邮件至zlts@phei.com.cn，盗版侵权举报请发邮件至dbqq@phei.com.cn。
本书咨询联系方式：（010）88254161转1826，zhusl@phei.com.cn。

声音是如何传播的

〔英〕凯·巴汉姆 / 著
〔英〕迈克·戈登 / 绘
赵同人 / 译

電子工業出版社
Publishing House of Electronics Industry
北京·BEIJING

“抓紧时间，”爸爸站在门口喊，“上学又要迟到了！”爱丽丝和艾娃连忙跑下楼。

“对不起！”她们急忙道歉。爸爸“啪”的一下把门关上。“快，”他说，“我们必须跑着去学校了！”

他们三个在人行道上狂奔，正好经过一片正在施工的路段。挖掘机发出“嗒！嗒！嗒！嗒”的声音。

“突！突！突——”的是电钻发出来的声音。

"快点儿！"爸爸喊道。这时，一辆救护车呼啸而过。

"你说什么？"爱丽丝大声喊道，"救护车太吵了。我听不清！"

“快！”艾娃叫道。

学校里，爱丽丝的老师要教孩子们什么是声音。

“声音是一种能量，”吉布斯老师说，“声音是由物体振动产生的，像这面鼓一样。”说完她敲了一下鼓，孩子们看到鼓面在振动。

“振动产生声波，”老师继续说，“当声波传到我们的耳朵里，我们就听到声音啦！”

爱丽丝没有听懂。“可是我没看到什么波啊。”她说。

“声波是看不到的，”吉布斯老师回答道，“如果我们能看到它的话，那声波就是这个样子的。”她在黑板上把声波画了出来。

“声音越低，声波传播频率越慢，波与波之间距离也越远。”

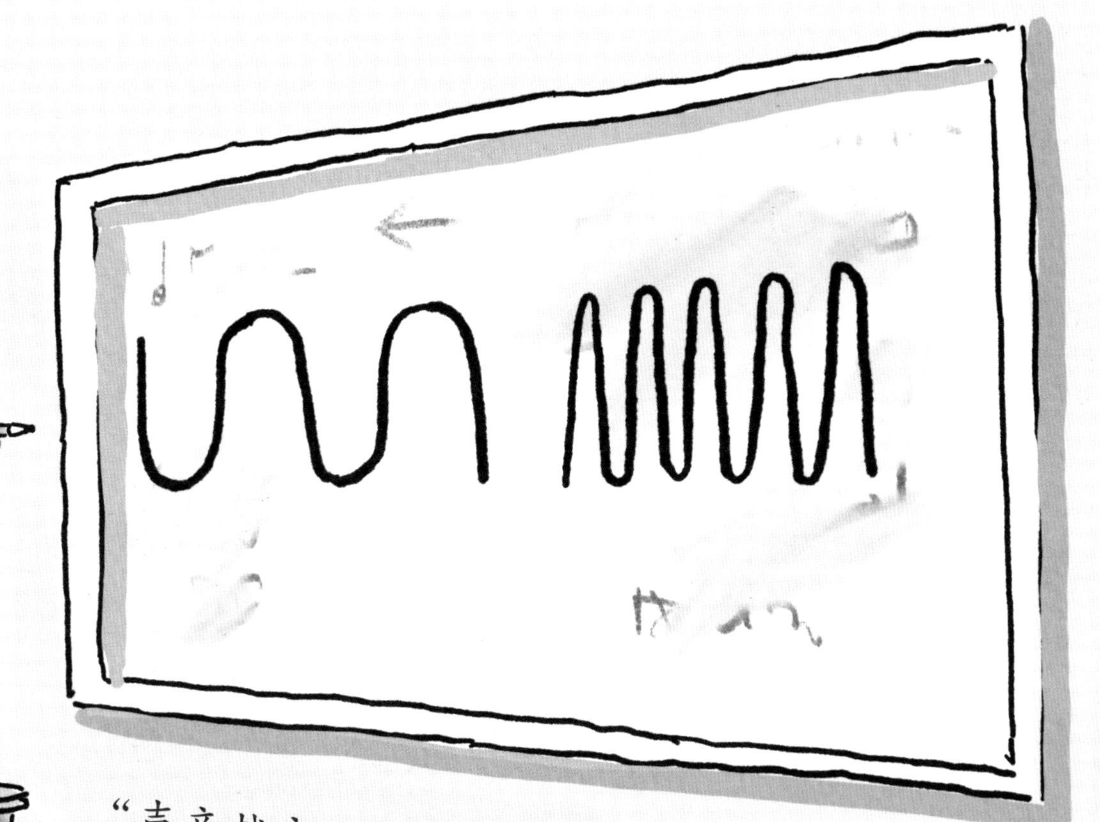

“声音越高，声波传播频率越快，波与波之间的距离也就越短。”

“让我们去外面找一找声音吧！”吉布斯老师把孩子们带出了教室。

厨房里的锅撞在一起，
发出“咣当”的声音。

上体育课的学生
喊着“呜”。

班主任打了个喷嚏：
“阿……嚏！”

爱丽丝听到了很多响亮的声音，她的本子上都没有地方记录了。

“响亮的声音，声波起伏很大。”吉布斯老师说。

学校图书馆里显得十分安静。书页翻动的声音十分轻柔，孩子们从书架上取书的时候会发出轻微的声响。

大家悄悄地聊天，直到看到图书管理员冲他们皱着眉，才停下来。

“轻柔的声音，声波起伏很小。”吉布斯老师小声说。

放学回家的路上，四周充满了汽车鸣笛的声音、引擎启动的声音、小狗汪汪叫的声音。艾娃唱着一首在学校学会的歌。声音的种类实在是太多了。

“我们是怎么听到声音的？”爱丽丝问爸爸。

“我们用耳朵听声音，”爸爸回答，“不过有关耳朵的工作原理，你得问妈妈，她才是这方面的专家。”

爱丽丝的妈妈是一名医生，她告诉爱丽丝，耳朵有三个主要部分。

“外耳是我们能看到的部分，”妈妈说，“它收集声波，这些声波传到中耳，使耳膜振动。”

“就像学校的鼓一样！”爱丽丝说。

妈妈点点头：“当耳膜振动的时候，它会带动旁边的耳小骨一起振动。这些耳小骨分别叫作锤骨、砧骨、镫骨。”

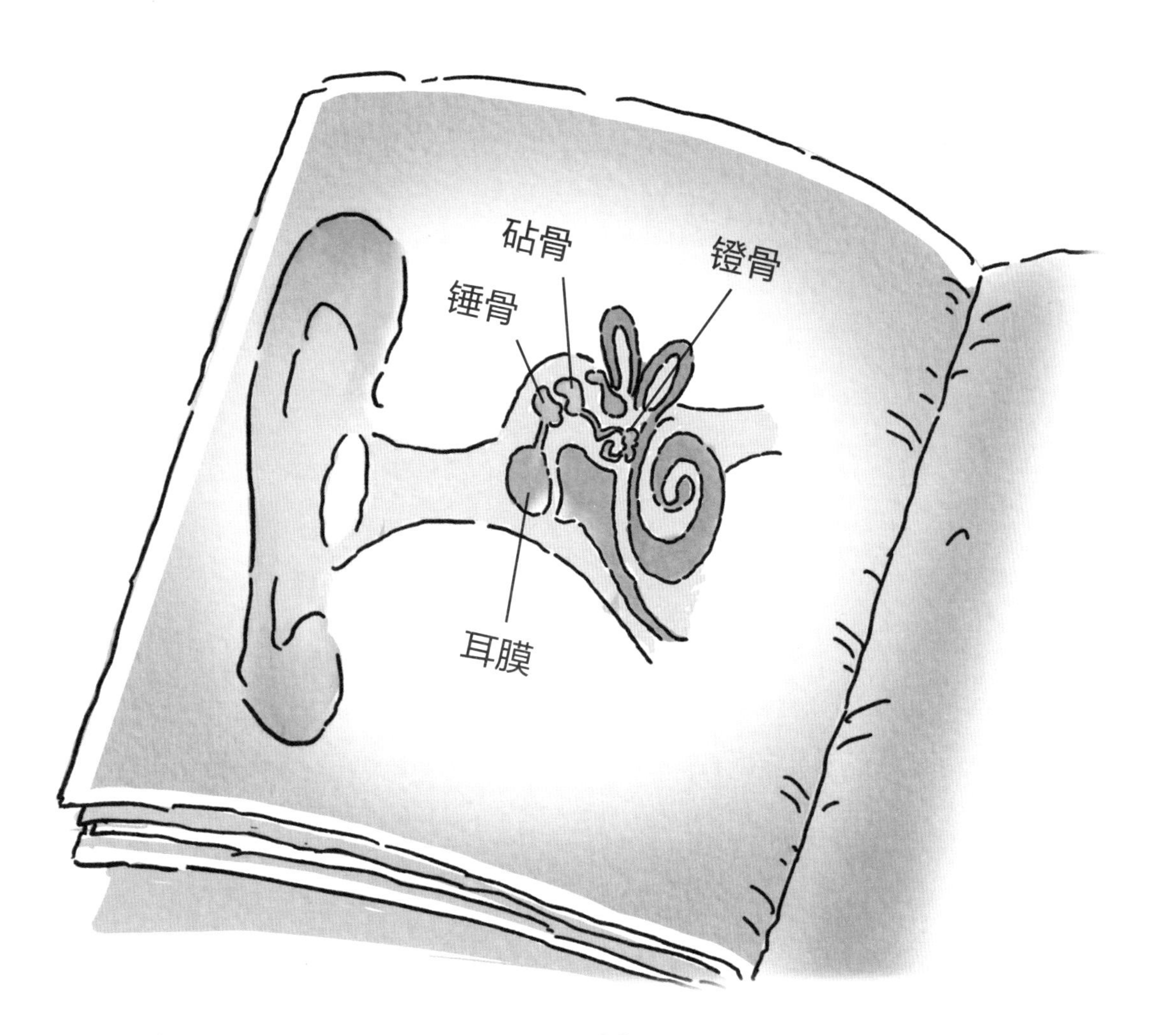

“那耳朵的第三部分是什么呢，”爱丽丝问，“它是用来做什么的？”

“啊哈，”妈妈说，“第三部分叫作内耳，也就是耳蜗的所在地。耳蜗是一条卷起来的，很像蜗牛壳的管子。”

“耳蜗里充满了液体和绒毛。中耳传递过来的振动带动耳蜗里面的液体和绒毛。这些绒毛把信息传递给大脑，大脑再将这些信息转化成你听到的声音！”

“哇！”爱丽丝震惊了。

周末到了，妈妈带爱丽丝和艾娃去公园玩。

“看我跑得多快啊！”艾娃喊着。

她飞快地绕过池塘，在草地上奔跑。

“妈妈，”爱丽丝若有所思地说，“艾娃在我旁边的时候，她的声音很大。但是她现在跑远了，声音又变得很小。这是为什么？”

“看。”妈妈说。她捡起一块石子扔到池塘里。噗通！
“快看，水波是不是在一圈圈往外走？声波和水波一样。一开始，声波很强，不过随着它们渐渐走远，声波就会变得越来越弱。”

“所以如果离很吵的声音远一点儿，声音就不会那么大了？”爱丽丝问。

“完全正确！”妈妈说。

那天下午，爸爸搬出了自己收集的唱片。
“大家一起来，”爸爸说，“穿上你们的舞鞋，我要为一个演出提前练练手！”
大家听到都开心地欢呼起来。

“有个能当DJ的老爸简直太棒了！”爱丽丝说。

爸爸的歌都特别酷，大家一起踩着节拍跳着舞。

“这是我最喜欢的声音了，”爸爸说，“这就是音乐！”

给家长和老师的小提示

本书旨在用兼具趣味性和知识性的方式，向小朋友们介绍科学概念。下面列出的几个小活动可以进一步鼓励孩子们了解声音。鼓励大家进行尝试！

活动

1. 把书中提到的声音列成一个清单，将这些声音从小到大进行排列。
2. 去户外找一找声音。你能收集到多少种不同的声音？

声音实验

只有当声波传进耳朵里，你才能听到声音。因此，在喧闹的环境里工作的人，常常戴上耳塞，隔绝噪声。

让一个人站在屋子的另一端大声喊，用不同的材料遮住自己的耳朵，看看哪一种材料的隔音效果最好。

你可以试试这些材料：塑料泡沫、书、靠枕、木头、硬纸板。

哪种材料隔音效果最好呢？是什么影响了隔音效果？

你知道吗？

声音是用分贝衡量的。分贝一词是由亚历山大·格雷厄姆·贝尔发明的，他是电话的发明者。

人工耳蜗是一种能够帮助有听力障碍的人听到声音的电子装置。

烟花的声音有150分贝，但是蓝鲸的声音更大，能达到188分贝！

版权贸易合同登记号　图字：01-2020-0874

图书在版编目（CIP）数据

一脚踏进物理世界. 各种各样的材料 /（英）凯·巴汉姆（Kay Barnham）著；（英）迈克·戈登（Mike Gordon）绘；赵同人译. --北京：电子工业出版社，2021.7
ISBN 978-7-121-41226-4

Ⅰ. ①一…　Ⅱ. ①凯…　②迈…　③赵…　Ⅲ. ①材料科学—少儿读物　Ⅳ. ①O4-49

中国版本图书馆CIP数据核字（2021）第094158号

责任编辑：朱思霖
印　　刷：中国电影出版社印刷厂
装　　订：中国电影出版社印刷厂
出版发行：电子工业出版社
　　　　　北京市海淀区万寿路173信箱　邮编：100036
开　　本：889×1194　1/24　印张：12　字数：93.15千字
版　　次：2021年7月第1版
印　　次：2025年4月第27次印刷
定　　价：138.00元（全9册）

凡所购买电子工业出版社图书有缺损问题，请向购买书店调换。若书店售缺，请与本社发行部联系，联系及邮购电话：（010）88254888，88258888。

质量投诉请发邮件至zlts@phei.com.cn，盗版侵权举报请发邮件至dbqq@phei.com.cn。

本书咨询联系方式：（010）88254161转1826，zhusl@phei.com.cn。

各种各样的材料

〔英〕凯·巴汉姆／著
〔英〕迈克·戈登／绘
赵同人／译

電子工業出版社
Publishing House of Electronics Industry
北京·BEIJING

“嘿，”爷爷拿着铲子说，“我挖出了一个宝物！”
“耶！”蕾莎和波比欢呼起来。

不过眼前这一堆垃圾让孩子们感到十分困惑。金项链和闪闪发光的珠宝到底在哪里呢？

“我说的宝物，是科学。”爷爷解释道。

“你们俩能告诉我这些东西有什么区别吗？”爷爷问。

“这里面有一个水瓶，

“一个生了锈的油漆桶，

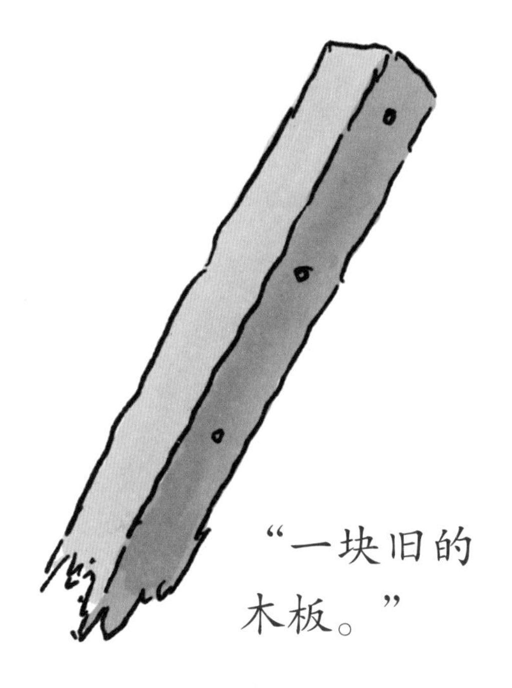

“一块旧的木板。”

“是不是它们的形状不一样？”蕾莎说。

“形状确实不一样，”爷爷说，“不过这不是正确答案。再想想看！”

波比摸着这些东西，喃喃自语道：“它们摸上去感觉不一样。这个木板疙疙瘩瘩的，水瓶很光滑，油漆桶摸起来特别粗糙。我答对了吗？”

“接近了。”爷爷笑道。

“它们用的材料不一样！”蕾莎说。

“是的！”波比说，“看，木板是木头做的，油漆桶是金属做的，这个水瓶是塑料做的！”

“完全正确！”爷爷说，
“来吧。我们去吃午餐。”

“这些东西用的材料不一样。”爷爷这样解释。

“窗帘也是用一种材料做的吗？”蕾莎问。

“窗帘是用布做的，布是一种材料，”爷爷说，“木头、塑料、金属，这些也都是材料。”

“世界上有多少种材料呢？”波比问。

“几千种，”爷爷说，“一些材料是天然的，它们来自植物、动物，还有土壤。”

“人们把自然材料进行加工后，它们就变成了合成材料。比如玻璃就是一种合成材料，它是用沙子做的。”

“为什么会有这么多不同的材料？”蕾莎问，
“为什么所有东西不能都用一种材料呢？那多方便啊。”

“这个嘛，”爷爷说，“为什么鱼缸要用玻璃，而不是木头做呢？”

“木头鱼缸怎么行呢，”波比咯咯笑着，“那样的话我们就看不到鱼了！”

“正是如此！”爷爷说。

“玻璃是透明的，”爷爷接着说，“我们透过玻璃能看到里面的东西。而且玻璃还是防水的，也就是说水透不过玻璃。这就是为什么用玻璃做鱼缸是最合适的。”

“我明白了……”蕾莎若有所思地说，“就是说材料是什么样子的，这点很重要？”爷爷点了点头。

“我要跟你们讲一讲什么是属性。”爷爷说。

“属性是另一种形容材料样子的说法，”爷爷一边说，一边拿起一张报纸，“看，纸可以折叠。”

“也很容易撕呢！”蕾莎说着，把手里的报纸撕成两半。“嘿！”爷爷喊起来，“那上面还有我的填字游戏呢！”

“人们要制作一件东西的时候，他们会看哪种材料的属性最合适。”爷爷说，“假设你们要做一个茶壶，选的材料需要有哪些属性呢？”

“必须选防水的材料！”波比说。

“木头做的茶壶没法儿用。”蕾莎补充道。

“这个材料必须能变成特殊的形状，”波比说，“而且还需要保持这个形状。蛋糕和果冻不能用来做茶壶。”

“报纸、羊毛、布料也不能用来做茶壶，”蕾莎说，“它们遇到水会塌掉的。”

“茶壶提起来要轻便才行。”波比说。

“如果用石头做茶壶得多重啊！”蕾莎咯咯笑道。

“茶壶不能融化。”波比接着说。

“巧克力做茶壶肯定不行。”爷爷说。

“陶瓷是防水的，而且形状还不会发生改变。它很轻，也不会融化！”蕾莎说，“用陶瓷来做茶壶最合适了！”

“哎呦，”爷爷说，“想了这么久我都饿了。”

“我也是！”波比说。蕾莎点了点头：“还有我！”

爷爷笑了起来。

“那让我们吃点儿东西吧！这个东西是用黄油、糖、面粉、鸡蛋、果酱和奶油做的。”

“蛋糕！”孩子们喊道，“一定很好吃！”

给家长和老师的小提示

本书旨在用兼具趣味性和知识性的方式，向小朋友们介绍科学概念。下面列出的几个小活动可以进一步鼓励孩子们了解材料，进行尝试！

活动

1. 在家里找5件物品。写下它们各自使用的材料。提示：一些物品可能用了不止一种材料。

2. 选一种材料，列出它的属性。

材料实验

如果你需要搭一座高塔，但是不许用砖头，看看家里有哪些可以用上的材料。

现在试着用这些材料分别建一座塔。

哪种材料做出的塔最高？

为什么这个材料比其他材料要好？

你知道吗？

1903年，怀特兄弟用木头做成了世界上第一架飞机。现在的飞机是用一种叫铝的金属做的。它比木头要轻，并且结实得多。

塑料、石油、纸、硬纸板、玻璃、木头，这些都是可回收材料，它们可以被再次使用。

回收的塑料可以做成购物车、网球、衣服！

What is LIGHT?

Original English language was first published in Great Britain in 2018 by Wayland (Publishers) Ltd.

版权贸易合同登记号　图字：01-2020-0874

图书在版编目（CIP）数据

一脚踏进物理世界. 光从哪里来 /（英）凯·巴汉姆（Kay Barnham）著；（英）迈克·戈登（Mike Gordon）绘；赵同人译. --北京：电子工业出版社，2021.7
ISBN 978-7-121-41226-4

Ⅰ. ①一…　Ⅱ. ①凯…　②迈…　③赵…　Ⅲ. ①光学－少儿读物　Ⅳ. ①O4-49

中国版本图书馆CIP数据核字（2021）第094191号

责任编辑：朱思霖
印　　刷：中国电影出版社印刷厂
装　　订：中国电影出版社印刷厂
出版发行：电子工业出版社
　　　　　北京市海淀区万寿路173信箱　邮编：100036
开　　本：889×1194　1/24　印张：12　字数：93.15千字
版　　次：2021年7月第1版
印　　次：2025年4月第27次印刷
定　　价：138.00元（全9册）

凡所购买电子工业出版社图书有缺损问题，请向购买书店调换。若书店售缺，请与本社发行部联系，联系及邮购电话：（010）88254888，88258888。

质量投诉请发邮件至zlts@phei.com.cn，盗版侵权举报请发邮件至dbqq@phei.com.cn。

本书咨询联系方式：（010）88254161转1826，zhusl@phei.com.cn。

光从哪里来

［英］凯·巴汉姆／著
［英］迈克·戈登／绘
赵同人／译

電子工業出版社
Publishing House of Electronics Industry
北京·BEIJING

“晚安，露比，做个好梦。”妈妈帮露比把床头灯关上。
“晚安。”露比说。

卧室的门关上了。现在，房间里唯一的光只剩外面的街灯。露比看着床头柜上的书，她多希望能再看几页，但是现在太黑了。等一等，真的没有办法看书了吗？

“啊哈！”露比突然想起来床底下有个东西，正好能派上用场。她在床底下摸索了一阵子，找到了一个手电筒。

咔哒！露比打开了手电筒。

突然出现的强光让露比睁不开眼睛。

“现在我可以看书啦。”露比笑着小声说。

第二天早晨，露比问妈妈：“什么是光？”

“光是一种能量，”妈妈解释道，“有了光，我们才能看到周围的东西。”

“那黑暗又是什么？”露比困惑地问，“它也是一种能量吗？”

妈妈摇了摇头，说：“黑暗就代表着没有光。”

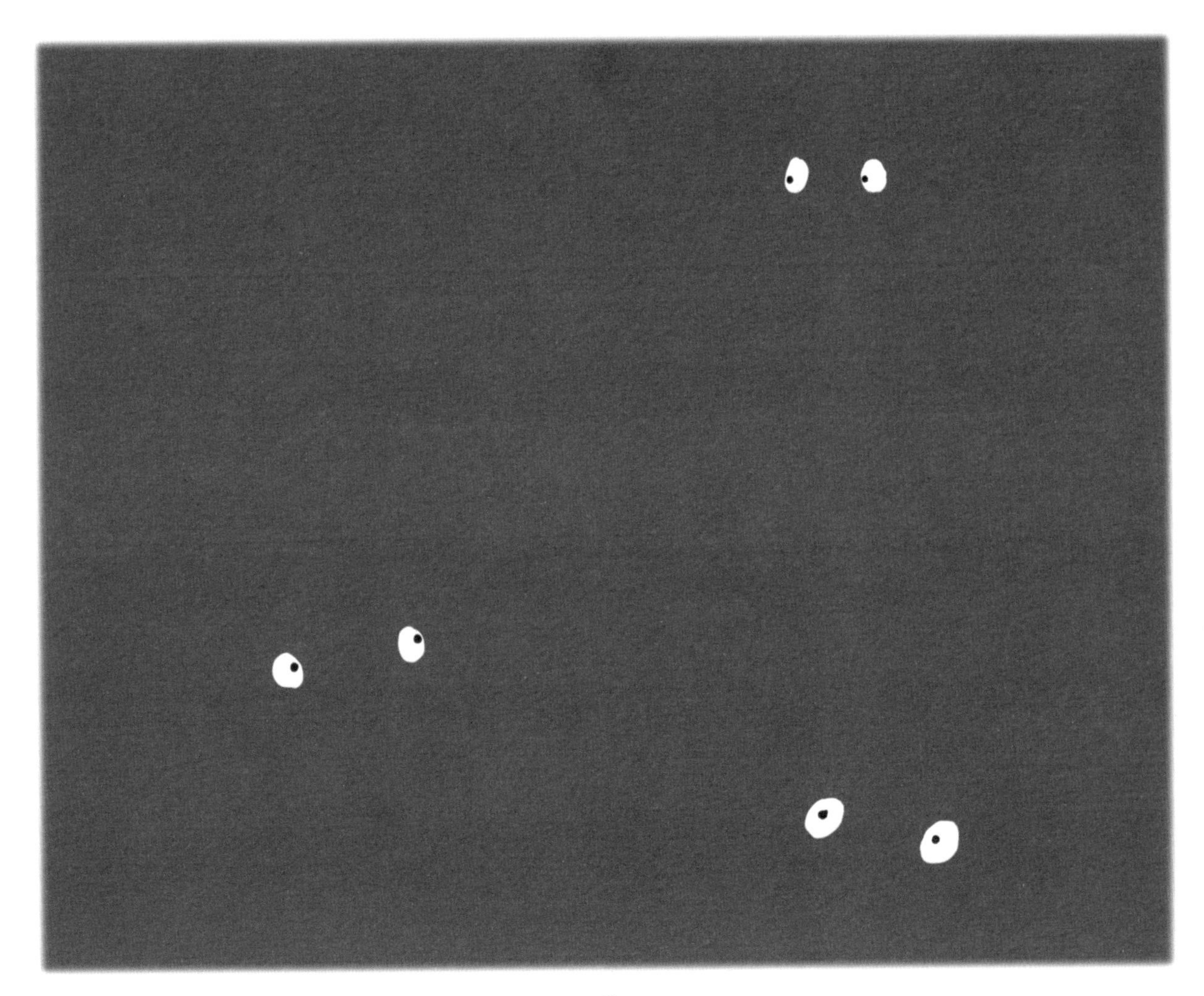

妈妈、露比，还有露比的弟弟奥立弗，一起去学校。
今天也是阳光灿烂的一天。
“妈妈，”露比好奇地问，“为什么我有影子？”

“因为你挡住了太阳的光，”妈妈说，“它没办法穿过你。”
“快看，我会做手影！”奥立弗用手摆出各种形状。

周末，妈妈、露比和奥立弗一起去露营。

他们把帐篷搭好，在沙滩上待了一整天。海水被刺眼的阳光照得波光粼粼。

“太阳给了我们好多光啊，是不是？”露比一边玩着水一边说。

“太阳是一种光源，”妈妈点了点头，“其实，太阳是自然光最主要的来源。”

日落时分，天空被晚霞染成了红色和橙色。

“那是什么？”奥立弗指着天空中一闪一闪的黄色亮光问妈妈。

“那是萤火虫，”妈妈轻声回答道，“多漂亮啊！”

“太好看了，”露比说，“我从来不知道昆虫也可以是光源。”

夜幕降临，妈妈点燃了篝火。露比和奥立弗一边烤着棉花糖，一边看着闪烁的篝火。

露比突然笑道：“火也是一种光源！”

“说得太对了！”妈妈说。

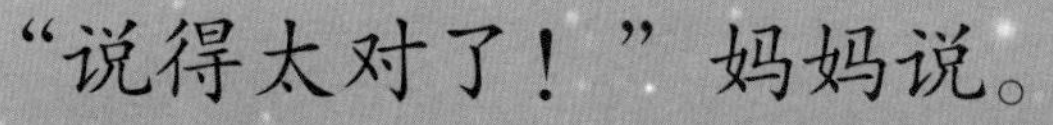

奥立弗突然想起曾经看过的暴风雨。

“闪电也是一种光源，”他说，“虽然闪电很亮，但我一点儿也不怕它。”

露比把手电筒打开，光束仿佛把黑暗切开了。
“这是人造光，”妈妈说，“手电筒里的灯泡是人们制作的，它的能量来自电。人造光不像阳光是天然产生的。”

“床头灯和街灯的光也是
人造光吗？”露比问。
妈妈笑了：“是的！”

漆黑的夜空中闪烁着一颗颗星星。

“看！”奥立弗边说边打了个哈欠，“是星光！”

“说得好，”妈妈说，“星星也是一种光源。”

“夜晚能看到的星星大部分都是恒星，只不过它们离我们很远，”露比若有所思地说，“从地球上看，星光很暗淡，不过离近了也很亮！”

不一会儿，月亮升了上来，在布满星星的夜空中格外亮眼。

“今天是满月，”露比说，“月光这么亮，我可以把手电筒关上了。”

“月光和其他光源不同，”妈妈说，“月亮本身并不发光，它只是反射太阳光而已。”

“呼……”一旁的奥立弗开始打起了呼噜。

第二天看日出的时候，大家开始思考身边有哪些东西可以反光。

“海水会反射阳光，”露比说，“快看，海面一闪一闪的，多漂亮！”

“玻璃也会反光！”妈妈说。

“镜子也会！”露比说。

“还有锡纸！”妈妈说。

“所有光滑的、亮闪闪的东西都会反光！”奥立弗补充道。

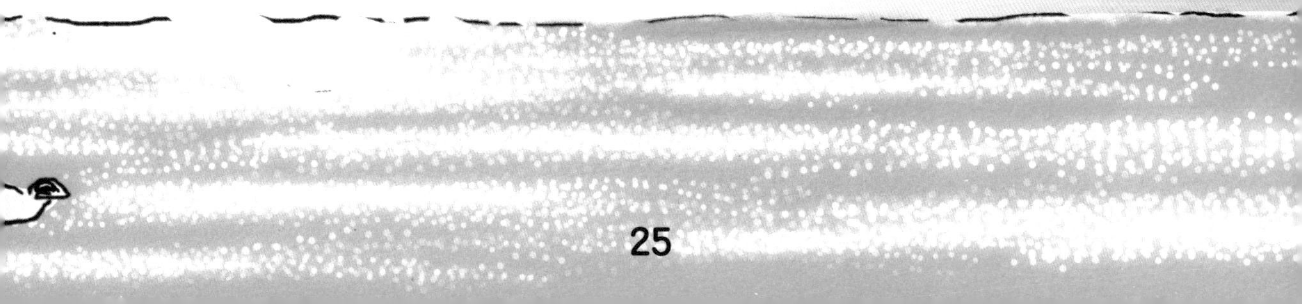

回家的路上，三个人开始讨论不同光源发出的光的强弱问题。

“萤火虫的光实在太微弱了。”奥立弗说。

“而太阳光可以照亮世界上所有的地方。”露比说。

“太阳光很强，千万不要直视太阳，”妈妈提醒道，“不然会伤到眼睛的。”

到家时天已经完全黑了。

“我们去公园吧！”妈妈神秘地说，“还有一种特别的光，我想让你们看看。”

他们刚到公园不久，便看到天空被照得像白天一样亮，耳边还响起了噼里啪啦的声音。

“是烟花！”奥立弗兴奋地说。

“好漂亮！”露比感叹道。

给家长和老师的小提示

本书旨在用兼具趣味性和知识性的方式，向小朋友们介绍科学概念。下面列出的几个小活动可以进一步鼓励孩子们了解光和黑暗。鼓励大家进行尝试！

活动

1. 列出本书中所有的光源。看一看自己还能想出哪些光源。把这些光源从亮到暗进行排列。

2. 找一天晚上，把所有光都熄灭，在黑暗中待一个小时。描述一下自己的感受，以及在黑暗中你能看到什么？

影子实验

在有阳光的时候，可以将你能够找到的任意材料，例如木头、硬纸板、餐巾纸、布料、保鲜膜等放到阳光下。

列出所有能形成清晰影子的材料，这些是不透光的材料。

再想一想，哪些材料会挡住一部分光，形成一个模糊的影子？这些是半透明材料。

哪些材料不会遮挡住光，不能形成影子？这些是全透明材料。

你知道吗?

光是世界上最快的东西！光速每秒可以达到30万千米。光从太阳到地球只需8分20秒。

日食是月亮挡在地球和太阳中间的结果。月亮挡住了太阳光，在地球上形成影子。发生日全食的时候，白昼宛如黑夜。

版权贸易合同登记号　图字：01-2020-0874

图书在版编目（CIP）数据

一脚踏进物理世界. 力是如何产生的 /（英）凯·巴汉姆（Kay Barnham）著；（英）迈克·戈登（Mike Gordon）绘；赵同人译. --北京：电子工业出版社，2021.7
ISBN 978-7-121-41226-4

Ⅰ. ①一…　Ⅱ. ①凯…　②迈…　③赵…　Ⅲ. ①力学—少儿读物　Ⅳ. ①O4-49

中国版本图书馆CIP数据核字（2021）第094180号

责任编辑：朱思霖
印　　刷：中国电影出版社印刷厂
装　　订：中国电影出版社印刷厂
出版发行：电子工业出版社
　　　　　北京市海淀区万寿路173信箱　邮编：100036
开　　本：889×1194　1/24　印张：12　字数：93.15千字
版　　次：2021年7月第1版
印　　次：2025年4月第27次印刷
定　　价：138.00元（全9册）

凡所购买电子工业出版社图书有缺损问题，请向购买书店调换。若书店售缺，请与本社发行部联系，联系及邮购电话：（010）88254888，88258888。

质量投诉请发邮件至zlts@phei.com.cn，盗版侵权举报请发邮件至dbqq@phei.com.cn。

本书咨询联系方式：（010）88254161转1826，zhusl@phei.com.cn。

力是如何产生的

[英]凯·巴汉姆/著
[英]迈克·戈登/绘
赵同人/译

電子工業出版社
Publishing House of Electronics Industry
北京·BEIJING

“快点走吧，爸爸！”吉姆说。

他在购物车旁焦急地跳个不停：“我们已经在超市逛了几个小时了。”

“我还需要买27样东西……”爸爸一边喃喃自语，一边看着手里的购物清单。

艾玛一听，也开始抱怨。

“逗你们玩儿的！”爸爸眨了眨眼。
他放了桶冰激凌在购物车里，然后推着车往收银台走去。
“我们走吧！”

“购物车为什么会动呢？”爸爸问吉姆和艾玛。此时，两个孩子正忙着把购物袋放到后备箱里。

“这可不难，”艾玛说，“购物车会动，是因为你推了它呀！不是吗？”

“如果你不推它，”吉姆补充道，“它就不会动。”

“答对了！”爸爸说。

“当我推购物车的时候，给了它一个力，”爸爸解释道，“就是这个力使购物车能够移动。当一个东西动的时候，我们称它在运动。”

“看我的！”吉姆边笑边把购物车推回了超市，“我在用力！”

“我也是！”艾玛说着，砰的一下，把后备箱关上了。

“看来你们已经明白了什么是力！”爸爸说。

“还有另一种力可以让物体运动，”爸爸到家的时候对两个孩子说，“给你们一个提示。它和‘推’这种力正好相反。”

艾玛刚把门拉开，她停顿了一下。“我知道了！”她喊道，“是拉力！”

“下雪的时候，我会把雪橇拉到山顶！”吉姆笑着说。

爸爸分别跟两个孩子击掌。“太棒了！”他说。

“回来啦！”妈妈看到吉姆和艾玛后，把椅子往后一推，给了他俩一个大大的拥抱，“你们没有买太多零食吧？”

“当然没有。”爸爸说。他打开冰箱的门，把那桶冰激凌放了进去：“我们忙着讨论力和运动来着。”

“太好了，”妈妈说，“那我们去院子里玩一会儿吧！”

妈妈从棚子里推出了滑板车。“如果你们骑滑板车，我推了你们一下，会发生什么呢？”妈妈问孩子们。

“我会滑得更快！”艾玛说。

妈妈点了点头："如果一个力和物体移动方向相同，那么物体就会加速。"

"我们现在试试吧！"吉姆说。

“那如果力和物体移动的方向相反呢？”艾玛问。

“那我继续用滑板车举例，”妈妈说，“当你们骑滑板车的时候，我往回拉你们，猜猜看会发生什么呢？”

“艾玛会慢下来。”吉姆说。

“如果我再用力一点儿，她就会停下来。”妈妈补充道。

第二天，妈妈、爸爸、吉姆去看艾玛踢足球。

“快看，足球在滚动的时候，被另一个球员踢了一下，这时会发生什么？”爸爸问。

“球会往另一个方向动！”吉姆说。

“踢这个动作，也会产生力，”妈妈说，“一个物体沿着直线运动时，力会改变它的运动方向。”

足球被踢到了他们旁边，在草皮上越滚越慢，最后停在了吉姆的面前。

一个球员跑过来捡球。

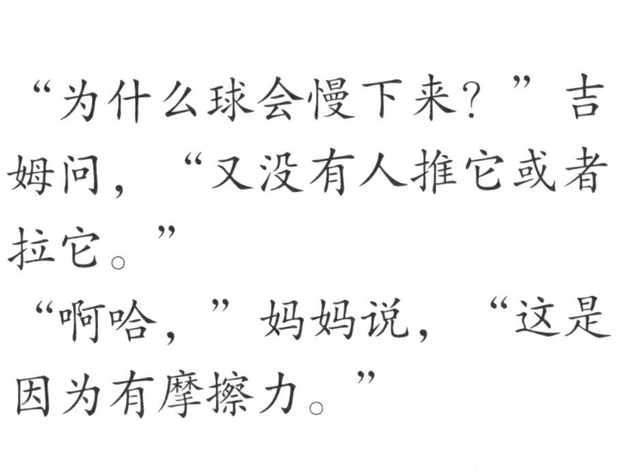

“为什么球会慢下来？”吉姆问，“又没有人推它或者拉它。”

“啊哈，”妈妈说，“这是因为有摩擦力。”

“什么是摩擦力？”吉姆问，这时艾玛也跑了过来。比赛结束了。

“摩擦力是一个物体和另一个物体相互摩擦时产生的力，”爸爸解释道，“摩擦力会减慢物体的运动速度。”

“比如刚才的足球之所以停下来，就是因为草和足球之间产生了摩擦力。”

“表面粗糙的物体比表面光滑的物体产生的摩擦力更大，”爸爸说，“草皮很粗糙，所以比光滑平面产生的摩擦力要大。”

“冰算表面光滑的物体吗？”艾玛问。

“当然，”爸爸说，“冰的表面非常光滑。我们之所以能滑冰，就是因为摩擦力小的缘故。在足球场上滑冰，难度可就大多了。”

艾玛噗嗤一声笑了出来。

骑车回家的路上，艾玛和吉姆在前面时而骑得飞快，时而慢下来，两个孩子并不沿着直线骑行。爸爸妈妈两个人跟在后面，十分吃力。

“嘿！”艾玛回头喊爸爸妈妈，“我们俩有个主意！”

“跟上我们！”吉姆大声喊着，骑进了一个公园。

“我怎么觉得这不是什么好主意呢。”几分钟后，爸爸开始抱怨起来。

“我也这么想。”妈妈大喘着气说。

“我们太棒了，”吉姆笑着说，“我们今天学了力和运动……”

“……所以推着我们荡秋千是最好的庆祝了！”艾玛接着说。

“推是一种力。看……我们俩开始运动了！”

“好耶！”伴随着高高荡起的秋千，孩子们欢呼起来。

给家长和老师的小提示

本书旨在用兼具趣味性和知识性的方式，向小朋友们介绍科学概念。下面列出的几个小活动可以进一步鼓励孩子们了解力。鼓励大家进行尝试！

活动

1. 你能想到哪些有关推力和拉力的例子？

2. 用一幅图解释一辆汽车或一辆自行车的加速、减速、变向，用箭头展示作用在物体上的力的方向。

力学实验

你需要用到：

- 乒乓球
- 吸管
- 一个朋友

把乒乓球放在一个光滑的平面上。用吸管对着它吹气，看看力是如何作用在物体上的。

如果你持续、稳定地吹气，乒乓球会沿一条直线走。

如果你更加用力地吹气，乒乓球会加速前进。

如果你的朋友从反方向吹气，乒乓球会慢下来。

如果你的朋友从侧面吹气，乒乓球会改变运动方向！

如果你把乒乓球放在一个粗糙的表面上，例如地毯上，你会看到摩擦力作用在乒乓球上，让它慢下来。

你知道吗?

重力是一种向下拉物体的力——包括房子、学校、车还有你自己——重力会把这些物体拉向地球。

弹簧和皮筋是用一些受力变形后能恢复原状的材料制成的。如果弹簧被压缩、皮筋被拉紧，弹力会使它们恢复原样。

力的单位是牛顿，是以著名科学家牛顿来命名的，他一直在研究力和运动。